NOUVEAU SPECTACLE

DE LA NATURE

ou

DIEU ET SES OEUVRES

IMPRIMERIE DE H. FOURNIER ET Cᵉ,
RUE DE SEINE, 14.

Nouveau Spectacle

DE LA NATURE

OU

DIEU ET SES OEUVRES

PAR MM.

VICTOR ET AMBROISE RENDU

Les œuvres du Seigneur sont grandes.
PSALM. CIO VERS. 2.

BOTANIQUE

PARIS

PITOIS-LEVRAULT ET Cie, LIBRAIRES

RUE DE LA HARPE, 81

—

1840

PRÉFACE.

S'il n'avait été question, dans ce traité, que d'exposer les principes élémentaires de la botanique, nous n'aurions pas songé à répéter ce que tant d'auteurs recommandables ont écrit sur cette matière; mais un autre but nous a guidé. Frappés de la sécheresse des ouvrages purement techniques, nous avons cherché à tirer plusieurs conséquences morales des phénomènes que présentent les végétaux, et à ramener ainsi l'homme à Dieu par la contemplation de ses œuvres. Cette base religieuse manque encore à notre sys-

1.

tème d'éducation; l'application que nous essayons d'en faire ici à la botanique justifiera peut-être notre travail auprès de ceux qui pensent que la science seule ne suffit pas, et qu'elle n'est réellement utile qu'autant qu'elle nourrit et l'esprit et le cœur.

NOTIONS ÉLÉMENTAIRES

SUR

LA BOTANIQUE.

Les plantes sont des êtres organisés , dépourvus de sensibilité et de mouvement volontaire; la science qui s'occupe de leur étude, se nomme *botanique.*

Différence entre les animaux et les végétaux. — Rapprochée de l'animal par des rapports intimes, la plante s'en éloigne par plusieurs différences dont la cause principale tient à l'absence de sensibilité et de mouvement volontaire qui la caractérise.

L'animal, doué de ces deux facultés, peut aller chercher les objets nécessaires à son existence, il se nourrit de toute espèce de matières, et ses organes d'appréhension et de manducation sont appropriés à la diversité de ses aliments.

La plante, privée de ces qualités, et fixée invariablement au lieu qui l'a vue naître, ne peut choisir sa nourriture, mais la Providence a pourvu à ses besoins : les substances inorganiques destinées à sa nutrition, telles que l'eau, l'air et les gaz qu'ils tiennent en dissolution, l'entourent de toutes parts et ne lui manquent jamais.

L'animal, après avoir trouvé sa nourriture, prend pour un certain temps une provision d'aliments qui viennent se déposer dans une cavité interne nommée estomac où ils séjournent; tous ses vaisseaux absorbants sont dirigés vers ce centre vital.

La plante, sans cesse plongée au milieu d'une nourriture abondante, n'a pas besoin de faire de provisions, aussi n'a-t-elle pas d'estomac et ses vaisseaux absorbants sont-ils placés à la superficie.

La sensation du plaisir et de la douleur existe chez l'animal, et la nature, en lui donnant la conscience de son existence, lui a fourni les moyens de fuir le danger.

La plante, soumise aux vicissitudes de l'atmosphère, n'a pas le sentiment des causes qui l'affectent, elle ne peut d'elle-même échapper à ses ennemis; la joie et la souffrance lui sont également inconnues.

Une séparation bien tranchée se manifeste donc, au premier coup-d'œil, entre le règne animal et le règne végétal.

Tissu des végétaux.—Chez tous les végétaux on trouve un *tissu cellulaire* formé par la réunion de

FIGURE 1.

petites cellules ou mailles accolées entre elles ; un grand nombre de plantes présentent, en outre, d'autres membranes roulées sur elles-mêmes en tubes ou vaisseaux d'où résulte le *tissu vasculaire.* Les

FIGURE 2. FIGURE 3.

cellules et les vaisseaux constituent les parties élémentaires des plantes : leur soudure mutuelle détermine des faisceaux désignés sous le nom de *fibres végétales* par opposition aux parties molles appelées *parenchyme;* de leurs combinaisons variées proviennent les différents organes des végétaux.

FIGURE 4.

Tous les organes des végétaux peuvent être rapportés à deux grandes divisions. Les uns, destinés uniquement à entretenir la vie de la plante, forment ses *organes fondamentaux* ou *de nutrition,* ce sont : la racine, la tige et les feuilles ; les autres, complètement inutiles à la vie de la plante, n'ont d'autre but que de favoriser la propagation de l'espèce, ils constituent les *organes de la reproduction ;* telles sont la fleur, et le fruit qui en est la conséquence. Chacune de ces divisions peut être considérée isolément, mais avant d'aborder leur étude, voyons quelle marche suit la plante dans la végétation. Le haricot nous servira d'exemple.

Les graines de ce légume sont renfermées dans

FIGURE 5.

une gousse. Indépendamment de cette espèce d'étui, chaque semence est protégée par une enveloppe spéciale connue, en général, sous le nom de peau. Otez-lui son épiderme, vous trouverez une amande composée de deux lobes ou *cotylédons* entre lesquels s'abrite un petit corps. Ce corps est la *plantule* ou *le germe*, petite plante en miniature et réduite à ses organes indispensables. Deux parties la constituent : l'une, nommée *plumule*, se

FIGURE 6.

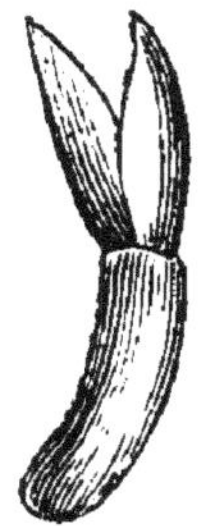

tourne vers le centre de la graine et doit s'élever dans l'air ; l'autre, appelée *radicule* (*a*, fig. 6 *bis*),

FIGURE 6 BIS.

se dirige vers l'extérieur de la graine et s'enfoncera dans la terre au temps de la germination.

Germination. — Cette époque arrivée sous l'influence de l'air, de l'humidité et de la chaleur, la graine sort de son état de torpeur, elle se réveille, se gonfle, ses cotylédons grossissent, la radicule s'allonge, l'enveloppe se rompt, la radicule s'échappe par cette ouverture et se dirige vers la terre ; la plumule apparaît alors au dehors, repliée dans les cotylédons qui la préservent pendant quelque temps de l'air extérieur ; bientôt elle se redresse, les cotylédons s'épanouissent et commencent leurs principales fonctions. Naguère, ils servaient d'organes protecteurs, leur rôle maintenant est de pourvoir aux premiers besoins de la jeune plante. Semblables à deux mamelles bienfaisantes, ils lui fournissent sa première nourriture, et lorsque la jeune plante peut se passer de leur secours au moyen de ses racines, les cotylédons se flétrissent, ils se dessèchent et tombent, la germination est achevée.

Cependant le germe se développe de plus en plus. La radicule continue à pénétrer dans le sol, elle y jette ses racines ; la tige se fortifie et porte avec elle les bourgeons qui renferment les feuilles et les fleurs. Le végétal, parvenu à cette période de sa vie, a atteint toute sa croissance, il ne lui reste plus qu'à accomplir la loi de la reproduction imposée à tous les êtres. La fleur brille alors de son plus bel éclat, le pollen brise l'anthère qui l'emprisonnait, il se répand sur le stigmate, et les ovules contenus dans l'ovaire reçoivent la vie : chacun d'eux n'attend plus que des circonstances favorables pour continuer son espèce.

Ainsi, la vie végétale est comprise tout entière entre la germination et la maturité des graines.

Principales conditions pour la germination. — De toutes les circonstances extérieures, la plus indispensable pour la germination est la présence de l'eau. Ce liquide agit surtout comme corps humectant, les graines en absorbent une quantité supérieure à leur propre masse, mais leur germination est contrariée ou même rendue impossible toutes les fois que l'eau surabonde.

L'air, considéré comme renfermant une certaine quantité d'oxigène, est encore très-nécessaire à la germination ; des expériences positives ont prouvé que la germination ne s'opère que dans les gaz qui contiennent de l'oxigène, et que, passé une certaine dose, l'oxigène accélère trop la germination et affaiblit la plantule.

L'eau et l'oxigène deviennent inutiles pour la germination, si leur action n'est influencée par un certain degré de chaleur ; l'eau est-elle amenée au degré de congélation ou d'une évaporation complète, la germination est impossible ; mais entre ces deux extrêmes il est un milieu : la germination est d'autant plus prompte que la température, toute proportion gardée, est plus élevée.

La lumière, loin de favoriser la germination, semble la retarder.

En revanche, le sol influe beaucoup plus sur la germination, soit en fournissant à la plantule une partie de la nourriture dont elle a besoin, soit en lui servant d'appui ; c'est pourquoi, il doit être suffisamment riche en humus et ne présenter ni trop ni trop peu de consistance.

Des graines enfouies assez profondément pour être tout à fait privées d'oxigène, peuvent rester des années entières sans germer ; elles demeurent, comme en dépôt, dans le sein de la terre jusqu'à ce qu'une circonstance favorable les amène à la surface : c'est ce qui explique comment, après des labours de défoncement, le sol se trouve quelquefois infesté de plantes parasites qu'on n'avait pas vues depuis longtemps dans le pays.

Les graines qui, ayant eu assez d'eau et d'oxigène pour germer, ne peuvent dans un temps limité, arriver jusqu'à la surface du sol, languissent, puis meurent.

La plupart des graines jouissent pendant fort longtemps de leur faculté germinative. Des haricots, tirés de l'herbier de Tournefort, célèbre botaniste français, ont germé il y a quelques années ; ils comptaient plus de cent ans.

La germination des graines varie suivant les plantes. On a remarqué que, toutes circonstances d'ailleurs égales, le cresson alénois mettait environ deux jours à lever ; le haricot et le navet trois, la laitue quatre, le melon cinq, le raifort six, l'orge sept, le blé et le millet huit, le chou dix, etc.

Les graines huileuses, comme celles du colza, du pavot, de la moutarde, du navet, s'échauffant très-aisément, demandent à être promptement employées. Le meilleur moyen de conserver la plupart des graines, consiste à les tenir dans des lieux secs, à l'abri de la lumière et de la chaleur.

ORGANES FONDAMENTAUX

OU

DE NUTRITION.

DE LA RACINE.

Caractères de la racine. — La *racine* est cette partie de la plante située à son extrémité inférieure et cachée ordinairement sous terre.

La racine n'est jamais colorée en vert ; elle sert à fixer le végétal au sol et à lui transmettre une partie de sa nourriture : la plupart des plantes en sont pourvues.

La racine tend toujours à descendre, quels que soient les obstacles qu'elle rencontre ou qu'on cherche à lui opposer. Si l'on retourne une graine germante, de manière que la radicule soit placée en haut et la plumule en bas, ces deux organes changent bientôt leur direction.

Le physicien Hunter fit un jour germer des plantes autour d'un globe sphérique rempli de

terre et dressé sur une machine qui lui imprimait
un mouvement circulaire continu ; la radicule se
tortilla autour de la graine et périt quand elle ne
put s'allonger davantage: preuve irrécusable qu'elle
tendait au centre de la terre. Du reste, l'expérience
analogue est facile à exécuter. Semez des graines
dans un tube garni de terre et placé dans une position verticale ; lorsque la radicule sera déve-
loppée, renversez le tube, et bientôt la radicule

FIGURE 7.

et la plumule changeront de direction, l'une,

pour se porter vers le sol, l'autre vers le ciel. En plaçant une graine de telle sorte qu'elle ait de la terre humide au-dessus d'elle, et de la terre très sèche au-dessous, la radicule descendra très peu et se tortillera horizontalement pour profiter de l'humidité, mais elle ne s'élèvera jamais. Cette règle générale de la tendance des racines n'offre d'exception que chez un petit nombre de plantes, notamment dans le *gui*, plante parasite qui croît dans tous les sens, bien que sa radicule cherche toujours à fuir la lumière.

Parties essentielles de la racine. — On distingue trois parties essentielles dans la racine, savoir : 1° le *collet* ou *nœud vital* (*a*, fig. 7), point de départ d'où sortent la tige qui monte et la racine qui descend ; 2° le *corps* ou *partie moyenne* (*id. b*) ordinairement renflée ; 3° les *radicelles* (*id. c*) ou divisions plus ou moins nombreuses et ténues, placées à l'extrémité inférieure de la racine, et destinées à puiser les sucs nourriciers du sol, à l'aide des *spongioles* ou petites bouches renflées qui les terminent.

Plus les radicelles sont nombreuses, plus les points d'absorption se trouvent multipliés ; aussi, un végétal qu'on transplante reprend-il avec une grande facilité lorsque les radicelles sont abondantes, ou, en d'autres termes, lorsqu'il a beaucoup de *chevelu*.

Durée des racines. — D'après leur durée, les racines sont *annuelles* (⊙), c'est-à-dire, qu'elles prennent tout leur accroissement et périssent dans l'espace d'un an ; *bisannuelles* (♂) et alors elles meurent à la fin de la seconde année ; *vivaces* (♃), quand elles persistent au-delà de deux ans.

Toutefois, cette distinction entre la durée des racines ne saurait être absolue, elle varie sous l'influence du climat, de la température et de la culture. C'est ainsi que le *réséda*, plante vivace dans les déserts de l'Egypte, est annuel chez nous, mais il redevient vivace lorsqu'on l'empêche de fleurir et qu'on le rentre en serre pendant l'hiver ; le *cobœa*, la *belle de nuit*, sont vivaces au Pérou leur patrie, et meurent en France à la fin de chaque automne.

Force végétative des racines. — Les racines possèdent une grande force de végétation ; les corps les plus durs ne peuvent leur résister, elles s'insinuent souvent entre les jointures des pierres, et finissent, à la longue, par faire éclater les murailles ; toutes, cependant, ne jouissent pas de cette puissance au même degré : ainsi, d'après Duhamel, la vigne pénètre facilement dans un tuf très dur, tandis que les racines de l'orme ne peuvent l'entamer.

Les racines offrent encore cette particularité singulière, qu'elles sont attirées vers la bonne terre et prennent un développement considérable pour y parvenir ; arrivées à une veine de terre riche et meuble, elles s'allongent sans se ramifier, mais si cette veine est limitée, elles ne font guère que s'y ramifier.

Utilité des racines. — L'utilité des racines est bien connue. Les unes sont employées dans les arts et l'économie domestique, les autres fournissent de précieux médicaments ; celles-ci, telles que dans la *laiche des sables*, le *jonc maritime*, forment, par leurs divisions entrelacées, un réseau qui retient les dunes, les fixe, y conserve les détritus des végétaux et prépare ces sables ingrats à recevoir des plantes d'un ordre supérieur ; celles-là, comme les racines du sainfoin, de la luzerne et de beaucoup de trèfles et de graminées, lient les terrains situés en pente, préviennent leur éboulement et les conservent à l'agriculture. Ainsi l'étude de la nature nous montre sans cesse l'homme, environné des bienfaits de la Providence ; elle l'a établi roi de la création, et a répandu autour de lui tous les végétaux qui lui sont nécessaires et dont son intelligence lui assure la conquête.

DE LA TIGE.

La tige est cette partie de la plante qui, prenant naissance au collet même de la racine, croît de bas en haut, cherche l'air et la lumière et porte les feuilles et les fleurs.

Différentes espèces de tiges. — La tige varie dans sa consistance et dans ses proportions. Tantôt molle et flexible, elle est réduite à l'état d'*herbe* ; lorsqu'elle est creuse et entrecoupée de nœuds comme dans le blé, l'avoine et toutes les céréales, on lui donne le nom spécial de *chaume*. Tantôt ligneuse et résistante, elle s'élargit à la base et se divise en branches au sommet, tels sont les *troncs* des chênes, de l'orme, du peuplier. Certains troncs, cependant, ressemblent à de longues colonnes ayant un égal diamètre dans toute leur étendue, et, au lieu de se ramifier à leur sommet, se couronnent d'un bouquet de fleurs ; le tronc de ces arbres étrangers à notre climat et dont le palmier fournit un bon exemple, a reçu la dénomination de *stipe*.

On appelle *rhizômes* les tiges vivaces qui végètent sous terre. Chaque année, elles émettent une tige extérieure dont la trace est indiquée par les cicatrices empreintes sur le rhizôme. Exemple, l'iris.

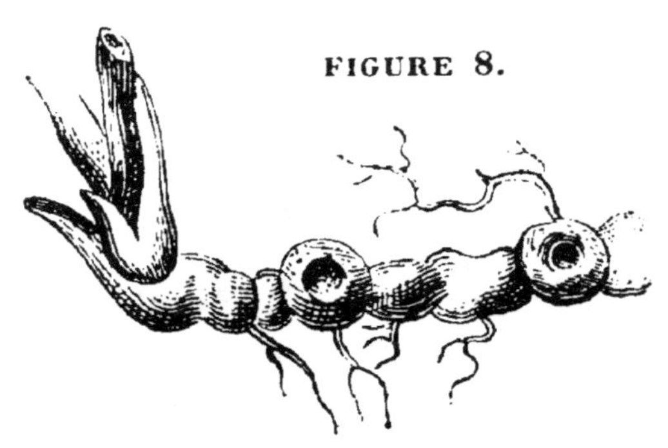

FIGURE 8.

Les tiges transmettent aux feuilles et aux fleurs les sucs nourriciers puisés dans le sol par les racines ; toutes, à cet égard, remplissent les mêmes fonctions, mais suivant que les plantes lèvent avec un ou deux cotylédons, elles présentent une structure particulière.

Structure des tiges dicotylédonées. — Si l'on

coupe transversalement une tige ligneuse dicoty-
lédonée, celle d'un orme, par exemple, on aperçoit plusieurs parties dont la couleur et le tissu
sont bien tranchés; les unes appartiennent au
bois, ce sont : la moelle, le bois proprement dit
et l'aubier; les autres, comme le liber, les couches corticales, l'enveloppe herbacée et l'épiderme,
constituent l'écorce.

La moelle, substance de nature spongieuse,
occupe le centre du bois et se trouve renfermée
dans un étui appelé canal médullaire (*a* fig. 9).
Verte dans les jeunes pousses, la moelle perd insensiblement cette couleur à mesure qu'elle est
privée d'air : elle est ordinairement blanchâtre
dans la plupart des végétaux.

La moelle part du collet de la racine, se prolonge jusque dans les plus petits rameaux, et dans
son trajet envoie du centre à la circonférence des
lignes divergentes connues sous le nom de *prolongements médullaires* (*b, b* fig. 9); elle est plus dé-

FIGURE 9.

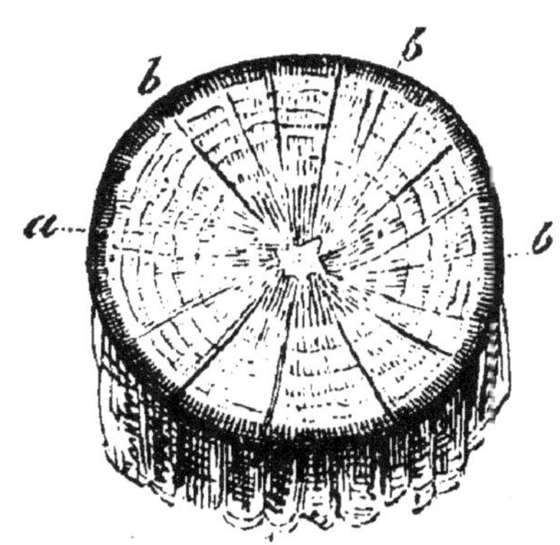

veloppée dans les tiges herbacées que dans les végétaux ligneux, et finit par disparaître dans les vieux arbres.

Le bois proprement dit se fait remarquer par sa couleur foncée et sa consistance ; il se compose de couches appliquées immédiatement contre la moelle qu'elles séparent de *l'aubier*.

Celui-ci ne diffère du bois proprement dit que par sa teinte plus pâle et son tissu moins serré ; c'est du bois qui n'a pas encore atteint toute sa perfection. Cela est si vrai, que, chaque année, en même temps qu'il se forme une nouvelle couche extérieure d'aubier, la couche d'aubier la plus ancienne ou la plus intérieure se convertit en bois proprement dit et ne change plus : on retrouve alors bien loin de la circonférence les caractères qui y avaient été tracés primitivement tout près de l'écorce.

De ce que chaque année il se forme une couche d'aubier et une couche de bois proprement dit, il résulte que l'âge de l'arbre peut être rigoureusement déterminé : il suffit de compter toutes ses couches ligneuses depuis le canal médullaire jusqu'à l'écorce ; mais dans ce cas, il faut avoir la précaution de couper l'arbre près de la racine et non pas vers sa partie supérieure, car celle-ci comptant moins de couches, ne donnerait que son âge particulier.

Les couches ligneuses croissent de dehors en dedans ; elles forment autant de cônes emboîtés les uns dans les autres dont la base repose sur le collet de la racine, mais toutes n'ont pas la même épaisseur. La plus grande épaisseur des couches correspond constamment au côté où se trouvent les plus fortes racines, c'est-à-dire, celles qui puisent dans le sol une nourriture plus abondante. De même, on a remarqué que les arbres situés au bord des bois, présentent toujours des couches ligneuses plus épaisses du côté externe; leurs racines, en effet, n'y éprouvent aucun obstacle pour se développer.

Les bois où l'aubier domine sont désignés sous le nom de bois tendres ou bois blancs; tels sont ceux du peuplier, du saule, du sapin, etc.

Immédiatement après l'aubier se trouve le *liber*, composé de lames appliquées les unes sur les autres et semblables aux feuillets d'un livre, d'où lui est venu son nom. Chaque année, il s'en forme une nouvelle couche.

Le liber est indispensable pour la végétation. Il fournit une liqueur particulière appelée *cambium*, déjà élaborée par les organes de la plante et qui semble immédiatement destinée à la nutrition de ses parties; chaque année il se produit une couche d'aubier et une couche de liber.

Le développement des lames du liber constitue les *couches corticales*. Celles-ci s'emboîtent les unes dans les autres, à l'exemple des couches ligneuses, mais avec cette différence essentielle, que leur accroissement s'effectue du centre vers la circonférence, ou, en d'autres termes, que les couches corticales les plus anciennes sont rejetées vers la circonférence, tandis que les couches ligneuses se superposent en sens contraire.

L'enveloppe herbacée est située entre les couches

corticales et l'épiderme. Molle et spongieuse, elle doit à la lumière la teinte verte qui la distingue dans la plupart des végétaux ; elle embrasse toute la surface de la plante et se régénère avec une grande facilité. Dans certaines espèces de chêne, elle acquiert un développement considérable ; le liége en provient.

Enfin, on donne le nom d'*épiderme* à cette membrane mince et transparente qui enveloppe extérieurement la plante. Sa couleur varie ; ainsi, elle est argentée dans le bouleau, améthyste dans le chardon maritime, verte dans un grand nombre de plantes.

L'épiderme se régénère avec beaucoup de facilité. Comme sa force extensible est circonscrite, il se déchire dès que l'arbre a acquis un certain volume ; voilà pourquoi des caractères imprimés sur l'écorce se déforment et finissent par devenir tout à fait illisibles.

L'épiderme a pour but de conserver les parties qu'il recouvre ; la résistance qu'il oppose aux agents destructeurs est une nouvelle preuve de la sagesse infinie qui brille dans toutes les œuvres de Dieu et qu'on reconnaît jusque dans les moindres objets.

Structure des tiges monocotylédonées. — La tige des végétaux qui germent avec un seul cotylédon, diffère essentiellement de celle des végétaux dicotylédonés ; c'est surtout dans le stipe des palmiers qu'il faut étudier leur structure particulière.

Ces arbres ne présentent ni liber, ni aubier, ni corps ligneux ; ils n'ont ni canal ni prolongements médullaires; leurs fibres ligneuses, isolées les unes des autres, sont éparses au milieu de la moelle qui remplit tout le diamètre du stipe ; leurs fibres les plus anciennes et les plus dures occupent la circonférence, les plus jeunes et les plus tendres sont placées au centre.

Après la germination, les feuilles se développent successivement et augmentent en nombre pendant quatre à cinq ans; le collet de la racine se dilate

FIGURE 10.

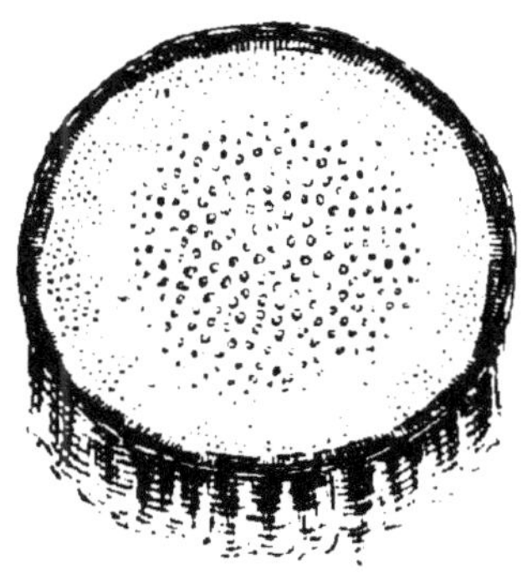

dans la même proportion ; le bourrelet formé par la base des feuilles grossit insensiblement: sa solidité augmente peu à peu : enfin, la tige s'élève au-dessus de la surface du sol avec toute la grosseur qu'elle doit avoir dans la suite, et présente exactement la figure d'un cylindre. Chaque année un nouveau bourgeon terminal ajoute, en se développant, un nouvel anneau au stipe : il en résulte que celui-ci est formé d'anneaux superposés au lieu des couches concentriques que l'on observe chez les plantes dicotylédonées ; en peu d'années il a acquis toute la grosseur qu'il doit avoir dans la suite : des palmiers de cent pieds et plus d'élévation n'ont guère qu'un diamètre d'un pied.

D'autres caractères séparent encore les plantes qui germent avec un seul cotylédon, de celles qui lèvent avec deux cotylédons. Ainsi, la tige des végétaux dicotylédonés est ordinairement ramifiée, tandis que celle des monocotylédonés est le plus souvent simple ; chez ces derniers, l'accroissement en diamètre n'est que temporaire ; chez les dicotylédonés, au contraire, il a lieu pendant toute leur vie en hauteur, largeur et épaisseur.

Grosseur et durée des arbres. — La différence de sol et de température apporte de grandes modifications dans la grosseur des arbres d'une même espèce. Chacun sait que les chênes situés dans les plaines, acquièrent un développement plus considérable que ceux qui croissent sur les montagnes ; mais en dehors des règles ordinaires, il est quelques arbres d'une grosseur tellement prodigieuse qu'on les traiterait de fable, si elle n'était attestée par de nombreux voyageurs.

Il existe sur l'Etna un châtaignier dont le tronc énorme mesure cent cinquante-deux pieds de tour ; une ouverture assez large pour que deux voitures y passent de front le traverse de part en part, ce qui n'empêche pas qu'il ne se couvre chaque année de feuilles et de fruits. On croit généralement que son tronc est formé de la réunion de cinq arbres qui, pressés les uns contre les autres à mesure qu'ils ont grossi, ont fini par se souder et se trouver réunis sous une même écorce.

L'île de Ténériffe possède un sang-dragon dont le tronc a trente-quatre pieds de circonférence.

Quelques arbres à Santa Maria de Tessa ont près de cent dix-sept pieds de tour.

Adanson, au Sénégal, a mesuré des baobabs qui avaient plus de trente pieds de diamètre ; d'après les calculs de cet illustre botaniste, ces arbres seraient contemporains des premiers âges du monde.

En France, dans le cimetière d'Allouville, près d'Yvetot, on montre un chêne dont la base a trente pieds de circonférence ; à son sommet s'élève un clocher surmonté d'une croix en fer ; au bas se trouve une chapelle creusée dans le tronc et consacrée à la Sainte Vierge. Ce chêne n'a pas moins de neuf cents ans.

Il n'est pas rare de voir d'autres arbres de deux à trois cents ans d'existence ; la forêt de Fontainebleau en possède plusieurs qui sont séculaires. En général, la longévité des arbres est d'autant plus grande qu'ils végètent dans un sol qui leur convient davantage.

Appendices de la tige, bourgeons. — Aucune partie du végétal ne permet mieux que les bourgeons d'admirer la sollicitude du Créateur qui a multiplié chez tous les êtres les moyens de conservation. Qu'on examine un bourgeon de marronnier, et l'on verra que tout est admirablement disposé pour préserver le végétal qu'il renferme. D'abord le bourgeon est recouvert d'une espèce de vernis que l'eau ne peut dissoudre ; quelle que soit la violence de la pluie et sa continuité, elle glisse sur lui sans le pénétrer, car indépendamment de cette couche protectrice, il est encore défendu par des écailles appliquées les unes sur les autres et si bien jointes entre elles qu'elles résistent à la destruction. Si l'on vient à enlever ces écailles, on découvre une bourre épaisse et moelleuse qui matelasse les parties les plus essentielles de ce jeune végétal et les tient ainsi abritées contre le froid et l'humidité. Voilà pourquoi le marronnier, ce bel arbre originaire de l'Inde, réussit aussi facilement dans nos contrées.

Ce qui a lieu pour le bourgeon du marronnier, se reproduit pour tous les arbres de notre climat, seulement la nature a varié dans quelques circonstances ses moyens de conservation. Certains bourgeons, bien que protégés par des écailles, restent cachés dans le bois ; d'autres sont abrités par la base même des feuilles ; quelques uns enfin sont entourés par des organes accessoires nommés *stipules*.

Le bourgeon est un abrégé de la tige, ou du rameau qui doit se développer ; il se révèle d'abord par un point presque imperceptible nommé *œil*; l'œil en grossissant devient *bouton* et reste stationnaire pendant l'hiver ; aux approches du printemps il se gonfle et se nomme alors bourgeon.

Différentes sortes de bourgeons. — On distingue plusieurs sortes de bourgeons. Les uns se développent à l'air libre et portent le nom de *bourgeons proprement dits;* ils peuvent être nus ou pourvus d'écailles ; suivant qu'ils portent des feuilles ou des fleurs ou bien ces deux organes à la fois, on les dit *foliifères*, *florifères* ou *mixtes*; les autres croissent sous terre, tels sont, entre autres, le *turion* de l'asperge, le *tubercule* de la pomme de terre et la *bulbe* du lis, du safran, de l'ail.

DES FEUILLES.

Les feuilles sont des expansions horizontales, de couleur généralement verte, qui naissent sur la tige, les rameaux, et quelquefois aussi sur le collet de la racine ; elles sont composées de fibres, d'épiderme et de parenchyme.

Préfoliation.— Les feuilles, avant leur développement, sont renfermées dans un bouton qui leur sert de berceau ; les différentes positions qu'elles y présentent ont reçu le nom de préfoliation.

Pétioles et nervures. — Le petit faisceau de fibres qui joint les feuilles à la tige dans la plupart des plantes, se nomme *pétiole*, on l'appelle vulgairement *queue de la feuille* (*a*). Il se continue le

FIGURE 11.

3.

long de la feuille et forme la *nervure médiane,* qui

FIGURE 12.

la partage en deux parties égales. Cette nervure, en s'épanouissant à droite et à gauche, constitue les *nervures secondaires* dont les ramifications, de plus en plus ténues, ont reçu la dénomination de *veines* et de *veinules :* l'ensemble du réseau représente le squelette de la feuille.

Chaque maille du réseau est occupée par le parenchyme ou partie molle de la feuille, composée d'une matière particulière appelée *chlorophylle,* et qui donne à la feuille la couleur verte qui la caractérise généralement et convient si bien à la délicatesse de notre œil.

Les feuilles qui n'ont pas de pétioles sont dites *feuilles sessiles.*

Parties superficielles de la feuille.—La feuille offre à considérer une *base* (fig. 12, *a*), un *sommet* (*b*), des *bords* (*c,c*) et un *disque* ou *limbe* (*d*).

La base de la feuille est le point même par lequel elle adhère au pétiole ; l'extrémité opposée en est le sommet qui quelquefois se termine par des filets simples ou rameux appelés *vrilles* et destinés à servir de support à la plante.

Le disque de la feuille se compose de deux faces : l'une *supérieure* et l'autre *inférieure ;* la première regarde le ciel et est ordinairement ferme, lisse, peu poreuse et d'une teinte foncée qu'elle doit à l'action directe de la lumière ; la seconde regarde la terre et est généralement pâle, molle, très poreuse et remarquable par la saillie des nervures. Cette position est constante dans tous les végétaux et rien ne peut la changer : si l'on place un végétal de manière que les faces des feuilles ne se trouvent plus dans leur position naturelle, les feuilles se retournent d'elles-mêmes ; leur face supérieure sera dirigée vers le ciel et leur face inférieure vers la terre : en les forçant de garder une situation contraire, on ferait périr le végétal.

La feuille est *simple* lorsque son pétiole ne porte

FIGURE 13.

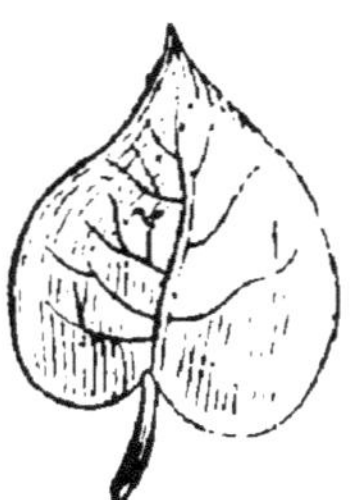

qu'une seule feuille dont toutes les parties sont continues à la base, comme dans le lierre, le lilas, la primevère; elle est *composée* lorsque le pétiole porte plusieurs pièces foliacées, nommées *folioles*, exemples le rosier l'accacia, le trèfle, la luzerne.

FIGURE 14.

D'après leur disposition sur la tige, les feuilles sont : *opposées*, lorsque, placées deux par deux à la même hauteur, elles se trouvent vis-à-vis l'une de l'autre, comme dans l'œillet, la sauge.

FIGURE 15.

Alternes, quand elles naissent une à une sur différents points de la tige, comme dans l'abricotier, le blé.

La forme des feuilles est extrêmement variée. Les

FIGURE 16.

unes imitent des fers de flèches, des faucilles, des boucliers; les autres sont ovales, arrondies, lancéolées; celles-ci ressemblent à des doigts, celles-là offrent l'aspect de plumes ou de pinceaux; quelques-unes sont filiformes et grêles; d'autres occupent une large surface. Cette variété de formes, dont l'harmonie est si agréable à l'œil, existe souvent dans les feuilles d'une même plante. Dans le lierre, par exemple, les feuilles sont tantôt *entières*, c'est-à-dire sans divisions, tantôt elles sont plus ou moins profondément lobées. En général, lorsque les feuilles naissent du collet même de la racine, il est rare que celles de la tige leur ressemblent.

Les feuilles varient encore suivant le milieu dans lequel elles végètent. C'est ainsi que les plantes aquatiques ont ordinairement deux espèces de feuilles; les unes nagent à la surface de l'eau ou tout près de son niveau; les autres sont constamment submergées : ce phénomène est facile à observer dans la renoncule aquatique.

Fonctions des feuilles. — L'usage des feuilles peut être réduit à deux grandes fonctions ; c'est par la face inférieure de leurs feuilles que les végétaux *absorbent* de l'atmosphère les vapeurs nutritives et l'humidité nécessaires à leur existence ; c'est par la face supérieure qu'ils *transpirent*, c'est-à-dire qu'ils rejettent les parties inutiles à la nutrition. Cette double fonction s'opère alternativement selon les circonstances extérieures et les besoins du végétal, elle s'effectue par les pores nombreux qui tapissent les feuilles ; dans les plantes dépourvues de feuilles, comme les *cactus*, la tige revêt une consistance herbacée et sa surface entière est munie de pores corticaux qui absorbent et transpirent d'après les mêmes lois que les plantes garnies de feuilles.

Les feuilles concourent donc avec les racines à la nutrition des végétaux ; aussi plusieurs botanistes les ont-ils considérées comme des racines aériennes. Les sucs que ces deux organes fondamentaux rencontrent dans le sol et dans l'air servent à former la *sève*, principe aqueux et incolore dont la marche est à la fois ascendante et descendante. Les racines la transmettent à la tige, et, de là, elle se répand jusque dans les plus petits rameaux : parvenue aux feuilles, elle se débarrasse de l'eau qui a servi de véhicule aux parties nutritives sans avoir pu être absorbée par le végétal, et elle descend vers les racines en distribuant sur son passage les sucs nutritifs qu'elle tient en dissolution.

Hales, afin de prouver la transpiration et l'absorption des plantes, fit les expériences suivantes :

Expériences de Hales sur l'absorption et la transpiration des plantes. — Le 5 juillet 1724, le prit un pot dans lequel se trouvait un *soleil* de 5 pieds et demi de hauteur, qu'il avait planté exprès ; il couvrit le pot avec une plaque mince de plomb laminé et il en cimenta bien toutes les jointures de sorte que rien ne pouvait s'échapper ; mais l'air, par le moyen d'un tube de verre fort étroit, qui avait neuf pouces de longueur et qui était fixé près de la tige de la plante, communiquait librement de dehors en dedans sous la platine. Il adapta aussi et cimenta sur la plaque un autre tube de verre de deux pouces de longueur et d'un pouce de diamètre ; par ce tube, il arrosait la plante et il en fermait ensuite l'ouverture avec un bouchon de liége. Ayant mis cet appareil dans une balance, il trouva que la transpiration était de 50 onces pendant 12 heures d'un jour très sec et très chaud, et que le terme moyen était de 20 onces pendant chaque douze heures de jour.

La transpiration pendant une nuit sèche et sans rosée sensible, fut d'environ 5 onces ; lorsqu'il y avait un peu de rosée, la transpiration s'arrêtait ; lorsqu'elle était abondante ou qu'il tombait un peu d'eau, la plante augmentait en poids de 2 à 5 onces.

D'après ses observations, la transpiration d'un homme était à celle d'un *soleil*, toutes surfaces étant égales, comme 5 1/2 est à 1 ; à masses égales et à temps égaux, la plante absorbait et transpirait dix-sept fois plus que l'homme.

Hales plaça ensuite une *menthe aquatique* au bout d'un siphon arqué, ayant 5 lignes de diamètre;

il le remplit d'eau, et dans une journée du mois de mars, la plante absorba une assez grande quantité d'eau pour faire baisser celle-ci de 1 pouce 1/2 à l'autre branche.

Au mois d'août, il arracha un poirier qui pesait 71 livres 1/2 ; il en plongea la racine dans une quantité connue d'eau ; la racine en absorba 15 livres en dix heures, et en laissa échapper dans le même temps 15 livres 1/2.

Aux mois de juillet et d'août, il coupa plusieurs branches de pommier, de poirier, de cerisier et d'abricotier, ayant soin d'en prendre deux de chaque espèce. Elles étaient de différentes grandeurs, la coupe transversale avait un pouce de diamètre. Il dépouilla de ses feuilles une branche de chaque espèce, et mit ensuite tremper leurs tiges dans des vases où il avait versé une quantité connue d'eau. Quelques-unes de ces branches avec leurs feuilles tirèrent 15 onces, d'autres 20, 25 et 30 onces en 12 heures de jour, et cela plus ou moins à proportion de leurs feuilles. Quand il les pesa le soir, elles étaient plus légères que le matin. Les branches effeuillées ne tirèrent qu'une once, et ayant très peu transpiré, elles avaient plus de poids le soir que le matin.

Le 15 août, il cueillit une grosse pomme avec un rameau de deux pouces de longueur et douze feuilles qui y étaient attachées. Il mit le rameau dans une fiole pleine d'eau ; le rameau tira et transpira en 5 jours 4/5 d'once.

Il coupa sur le même arbre un autre rameau à fruit de la même longueur que le premier, et chargé de douze feuilles sans pommes : il tira et transpira dans trois jours 3/4 d'once.

Il mit ensuite dans une fiole pleine d'eau un autre rameau pris sur le même arbre, qui portait deux grosses pommes sans feuilles ; elles tirèrent et transpirèrent environ un quart d'once en deux jours.

Le 15 juillet, il détacha de la racine et coupa près de terre deux tiges de houblon qui avaient crû dans un lieu fort touffu et ombragé. Il en effeuilla une, et mit les tiges dans deux bouteilles qui contenaient des quantités connues d'eau. La tige munie de ses feuilles tira 4 onces en 12 heures de jour, tandis que l'autre ne tira que 3/4 d'once.

Il prit une autre perche avec les houblons qu'elle soutenait, et il la transporta de la houblonnière dans un lieu plus découvert ; alors l'absorption fut double.

Enfin, le 27 juillet, il fixa une branche de pommier de 5 pieds de longueur et de 6 lignes de diamètre, qui était chargée de rameaux et de feuilles, à un tuyau de 7 pieds de longueur et de 5/8 de pouce de diamètre ; il remplit le tube d'eau et plongea ensuite toute la branche, jusque par-dessus l'extrémité inférieure du tube, dans un vase plein d'eau : l'eau du tuyau baissa de 6 pouces dans les deux premières heures, de 6 pouces la nuit suivante, de 4 pouces le jour suivant, et de 2 1/4 la nuit suivante. Le matin du troisième jour, il tira la branche hors de l'eau et la suspendit avec le tube dans un lieu bien aéré ; là, elle tira 27 pouces 1/2 en 12 heures.

Décomposition de l'air par les feuilles. — L'absorption et la transpiration des plantes par leurs feuilles exerce une grande influence sur l'atmosphère.

On sait que les animaux dégagent par la respiration une grande quantité d'acide carbonique, principe essentiellement délétère qui, corrompant l'air, le rendrait bientôt mortel pour l'homme, si la Providence n'en avait neutralisé l'action au moyen d'agents particuliers. Les plantes sont les principaux moyens qu'elle emploie pour réparer l'atmosphère viciée; leurs parties vertes laissent échapper de l'oxygène sous l'influence solaire ; elles s'emparent, en outre, de l'air atmosphérique, le décomposent, et versent pendant le jour des torrents d'oxigène, principe essentiellement réparateur. Voilà pourquoi les lieux plantés d'arbres sont toujours plus salubres que ceux où il n'existe pas de végétation.

Action de la lumière sur les feuilles. — Les feuilles sont très sensibles à l'influence de la lumière ; c'est principalement à l'influence de cet agent qu'il faut rapporter les changements de position qu'un grand nombre de feuilles composées affectent pendant la nuit et dont le phénomène est désigné sous le nom de *sommeil des plantes.*

Ce sommeil est un moyen que le Créateur emploie pour protéger les plantes durant la nuit contre les injures de l'air ; on découvre aisément ce but lorsqu'on examine les différentes positions que prennent alors les feuilles. Qui n'admirerait ici les soins attentifs de cette sage Providence? Les unes, dit madame Bonifas-Guizot, enveloppent la tige pour défendre le jeune bouton qui se trouve dans l'aisselle ; les autres forment un entonnoir qui enveloppe les jeunes pousses ; d'autres s'abaissent et forment une voûte pour garantir les fleurs inférieures. Quand le soleil se lève, les feuilles de l'acacia s'étendent horizontalement ; à mesure que la chaleur augmente, elles se redressent, et à midi leur pointe est tournée vers le ciel ; lorsque le soleil décline, elles s'abaissent, et la nuit elles sont tout à fait pendantes. Le contraire a lieu dans le baguenaudier. Les folioles de la casse du Maryland sont plus remarquables encore ; aux approches de la nuit, elles s'abaissent en tournant sur leur articulation, de sorte que les deux folioles de chaque paire s'appliquent l'une contre l'autre, non par leur face inférieure, mais par leur face supérieure.

Mouvements particuliers des feuilles. — Dans l'ordre naturel des choses, le sommeil et le réveil des feuilles coïncident avec le lever et le coucher du soleil : aussi Linnée, botaniste suédois, a-t-il cherché à établir une *horloge de Flore* d'après les heures du jour et de la nuit où les fleurs et les feuilles s'ouvrent ou se ferment. Toutefois les feuilles de certains végétaux exécutent des mouvements qu'on ne saurait attribuer uniquement à l'influence de la lumière. La *Sensitive* est de ce nombre. La plus faible secousse, l'ombre d'un nuage ou d'une personne qui passe, une commotion électrique, impriment à ses folioles des mouvements fort remarquables. Si l'on en touche une seule, elle se redresse contre celle qui lui est opposée, et bientôt toutes les folioles de la même feuille exécutent le même mouvement et se couchent les unes sur les autres ; la feuille elle-même tout entière s'incline vers la terre ; mais peu de temps après, si la cause du mouvement a cessé, toutes les parties de la plante qui semblaient flétries reprennent leur premier aspect et leur position naturelle.

L'*Attrape-Mouche*, plante de l'Amérique septentrionale, a ses feuilles bordées de longs cils et partagées au sommet en deux lobes qu'une charnière réunit à la nervure médiane. Une mouche vient-elle à les toucher, les lobes aussitôt se rapprochent, se ferment et emprisonnent l'insecte ; plus celui-ci fait d'efforts pour se dégager, plus les lobes se resserrent. La feuille ne reprend sa position naturelle que lorsque l'insecte étouffé est complètement privé de mouvement.

Une autre plante de l'Inde, l'*Hedysarum gyrans*, a ses feuilles composées de trois folioles ; la foliole médiane subit un mouvement de flexion, les deux autres l'exécutent aussi, et de plus elles oscillent sur leurs charnières : tantôt l'une d'elles reste en repos, tantôt toutes deux s'agitent de bas en haut et tour à tour se rapprochent ou s'éloignent de la foliole médiane.

Les folioles du *Porliera* s'appliquent l'une contre l'autre lorsque le ciel se couvre de nuages.

Une plante de l'Inde, le *Népenthès*, nous offre dans ses mouvements une preuve touchante de la bonté divine. Ses feuilles, renflées à l'extrémité, forment une espèce de godet muni d'un couvercle qui se lève ou se baisse suivant que le ciel est pur ou nuageux. Quand il fait beau, l'ouverture est entièrement libre ; au fond de ce petit vase se trouve une eau parfaitement limpide, c'est la plante elle-même qui la distille, et cette source végétale sert à désaltérer les oiseaux du ciel et les voyageurs placés comme eux sous la garde de la Providence.

Durée et chute des feuilles. — La durée des feuilles n'est pas la même dans tous les végétaux : les uns, comme dans la plupart des plantes annuelles, perdent leurs feuilles en même temps que la tige a cessé de vivre : les autres, comme dans les plantes vivaces, perdent toujours leurs feuilles avant la tige qui les porte. Parmi ces dernières, les unes, bien que mortes, restent sur la tige jusqu'à ce qu'elles soient détruites par les intempéries de l'air, on les nomme *feuilles persistantes ;* les autres tombent d'elles-mêmes aussitôt après leur mort, et portent en conséquence le nom de *feuilles caduques.* Dans la plupart des plantes la chute des feuilles suit immédiatement la mort.

Chaque année, dans nos climats, le plus grand nombre des plantes perdent leurs feuilles ; cette défoliation arrive en général vers la fin de l'été ou le commencement de l'automne ; les feuilles à cette époque ont achevé leur rôle dans la végétation : elles tombent, mais leur utilité n'a point entièrement cessé, elle se continue jusque dans leurs débris. Ainsi amoncelées au pied des plantes, les feuilles abritent les racines contre les vents et les rigueurs de l'hiver ; elles entretiennent autour des graines une humidité et une chaleur favorables à leur germination, et se convertissent enfin en *humus* ou terreau destiné à la nourriture des plantes.

de sorte que leur décomposition elle-même profite aux végétaux.

DE LA MULTIPLICATION DES PLANTES, AU MOYEN DES ORGANES FONDAMENTAUX.

Les plantes se reproduisent naturellement à l'aide des graines qui les dispersent sur toute la surface du globe ; mais, par des procédés particuliers, l'homme s'est emparé des races et des espèces végétales, et est parvenu à les conserver et les multiplier en s'aidant de la marcotte, de la bouture et de la greffe.

On appelle *marcottes* des rameaux dont on plonge les bourgeons dans la terre pour leur faire produire des racines avant de les détacher de la plante-mère. L'opération du marcottage peut avoir lieu de deux manières : tantôt on prend les tiges inférieures de la plante et on les tient couchées sous le sol ; tantôt on choisit les branches supérieures et on les fait passer à travers un pot ou un cornet de plomb rempli de terre. Lorsqu'on veut hâter le changement des bourgeons en racines, on pratique une incision ou une forte ligature à la base de la jeune tige plongée en terre. C'est par le marcottage qu'on multiplie ordinairement le laurier-rose, les azalées, les rhododendrum, l'hortensia, etc.

La *bouture* diffère de la marcotte en ce que le rameau est séparé de la plante-mère avant qu'on ne le plonge en terre. Pour que la bouture réussisse, il faut avoir soin de choisir l'époque où la séve entre en mouvement et de laisser deux ou trois bourgeons sur la partie inférieure de la tige. Les arbres dont le bois est tendre, reprennent très facilement de bouture; c'est ainsi qu'on multiplie l'osier, le peuplier, le mûrier, etc.

La *greffe* est une opération par laquelle on ente sur un végétal une jeune tige munie de bourgeons qui se développe et s'identifie avec lui.

Plusieurs conditions sont nécessaires pour qu'une greffe réussisse. 1° Il faut qu'elle ait lieu entre des parties végétantes; le bois et l'aubier non seulement ne peuvent être greffés tout seuls; mais l'écorce de la greffe doit encore coïncider avec celle du sujet.

2° La greffe ne doit être pratiquée que sur des végétaux ayant de l'analogie entre eux : il faut que ceux-ci soient de la même famille, et mieux encore qu'ils appartiennent au même genre ou à la même espèce, afin qu'ils puissent entrer en séve vers le même temps.

3° On doit garantir la greffe du contact des agents extérieurs.

Il existe un grand nombre de manières de greffer; les principales peuvent être réduites à trois : la greffe en fente, la greffe en écusson, et la greffe par approche.

La greffe en fente se pratique en sciant d'abord horizontalement le végétal; on le fend ensuite et l'on y insère la greffe taillée en biseau en ayant soin de faire correspondre exactement les deux écorces; c'est principalement en fente qu'on greffe les pêchers, abricotiers, poiriers, amandiers.

La greffe en écusson consiste à soulever une petite portion d'écorce du végétal sujet, et à y insérer un morceau d'écorce garni d'un œil et dont on a préablement enlevé la partie ligneuse, à l'exception de la partie correspondante au bourgeon. La plupart des rosiers se greffent en écusson ; cette greffe peut avoir lieu au printemps ou à l'automne.

Enfin, la *greffe en approche* est celle où, imitant certains accidents de la nature, on rapproche deux végétaux enracinés et on les soude l'un à l'autre après avoir pratiqué des entailles correspondantes sur un ou plusieurs points de leur étendue. Cette sorte de greffe est moins usitée que les deux autres.

Les arbres greffés entrent plus vite en fructification que ceux obtenus de semis.

ORGANES DE LA REPRODUCTION

DES FLEURS.

Pendant longtemps on n'a vu dans les fleurs qu'une riche parure, mais aujourd'hui que leurs différentes parties ont été mieux étudiées, on a cessé d'attribuer la même importance aux enveloppes florales, quelque éclatantes qu'elles puissent être, et les organes essentiels de la reproduction ont repris le rang qui leur appartenait.

Les botanistes désignent sous le nom de *fleur* l'organe mâle ou femelle destiné à reproduire la plante ; les enveloppes qui la protégent n'en sont que les parties accessoires.

La fleur est *complète* lorsqu'elle renferme des organes mâles et femelles, c'est-à-dire des étamines et des pistils entourés d'un calice et d'une corolle : exemple : la Giroflée, la Violette. Elle est *incomplète* lorsqu'elle manque de l'une de ces quatre parties ; exemple : la Jacinthe, le Lis.

L'étamine constitue l'organe mâle, le pistil l'organe femelle. La fleur est *hermaphrodite* lorsqu'elle contient l'organe mâle et femelle; exemple: le Primevère, le Cresson. On la dit fleur *mâle* quand elle ne renferme que des étamines, *fleur femelle* quand elle ne contient que des pistils; on la nomme *unisexuelle* lorsqu'elle ne porte que l'un ou l'autre de ces organes.

La fleur est *monoïque* lorsqu'elle porte à la fois des fleurs mâles et des fleurs femelles dans des enveloppes séparées; *dioïque*, lorsqu'elle porte des fleurs mâles sur un pied et des fleurs femelles sur un autre; *polygame*, lorsqu'elle porte à la fois des fleurs hermaphrodites et des fleurs mâles ou femelles, ou bien les unes et les autres à la fois.

Les fleurs *nues* sont celles que ne protége aucune enveloppe.

De l'inflorescence. — Les différentes positions des fleurs sur la tige et les rameaux sont connues sous le nom général d'*inflorescence*.

Lorsque les fleurs naissent au sommet des tiges, on les dit *terminales;* ou les appelle *latérales* quand elles se développent le long de la tige ou des rameaux. Dans l'un ou l'autre cas, la fleur peut être appliquée immédiatement sur la tige, et alors elle est *sessile*, ou bien *pédonculée*, c'est-à-dire portée sur un rameau particulier analogue au pétiole de la feuille.

Les positions variées que les feuilles affectent sur les tiges et les rameaux peuvent être ramenées à deux types principaux : l'épi et l'ombelle.

Les fleurs sont en *épi*, lorsque, étant sessiles, elles

FIGURE 17.

se trouvent placées sur un axe commum : exemple :

FIGURE 18.

le Blé. Quand l'épi est composé de fleurs unisexuelles portées sur des écailles, il prend la dénomination de *chaton*; exemple : le Peuplier, le Noisetier, le Noyer. Si l'épi offre des ramifications très écartées les unes des autre, comme dans l'Avoine, on lui donne le nom de *panicule* ; on l'appelle *grappe* lorsque ces ramifications sont très serrées ; exemple : la Vigne, le Lilas. Les fleurs solitaires et axillaires ne sont que des épis à fleurs très écartées.

Les fleurs sont *en ombelle* quand les pédoncules simples ou ramifiées partent d'un même point et arrivent presque tous à la même hauteur ; exemple : la Carotte, le Cerfeuil. Quand tous les pédicules sont

FIGURE 19.

simples et uniflores, on dit que l'ombelle est *simple*; exemple : la Primevère, l'Ail; lorsque chaque pédicule se partage au sommet en plusieurs pédicules disposés eux-mêmes en ombelle , on dit alors que l'ombelle est *composée*, et la seconde ombelle se nomme *ombellule* (*a*); les folioles situées à la base des ombelles forment *l'involucre*; celles placées à la naissance de l'ombellule forment *l'involucelle* (*b*).

Épanouissement des fleurs. — L'épanouissement des fleurs suit une marche régulière. Dans les épis , ce sont les fleurs inférieures , et dans les ombelles, les fleurs supérieures qui se développent les premières ; la floraison continue ainsi de la base au sommet de l'épi , ou de la circonférence au centre de l'ombelle. On ne connaît qu'un petit nombre d'exceptions à cette loi générale.

DE LA FLEUR EN GÉNÉRAL.

Lorsqu'on examine une fleur complète dans toutes ses parties , une Giroflée par exemple , on y reconnaît plusieurs organes. Au centre , on trouve un corps étroit, allongé et bifurqué à son extrémité, c'est l'organe femelle ou le pistil ; au pourtour se présentent six filets couronnés par de petites bourses remplies d'une poussière jaune, ce sont les étamines ou l'organe mâle, en dehors des étamines , immédiatement après elles, on voit quatre expansions colorées qui leur servent d'enveloppes ; ces expansions réunies constituent la corolle ; enfin la corolle elle-même est protégée extérieurement par quatre folioles vertes qui forment le calice. Examinons en détail chacune de ces parties , et commençons par l'enveloppe la plus extérieure ou le calice.

DU CALICE.

L'enveloppe la plus extérieure de la fleur complète constitue le calice (fig. 20, *a*); on donne aussi ce nom à l'enveloppe unique qui protége la fleur au défaut de la corolle.

Le calice paraît destiné à défendre la fleur du contact des agents extérieurs, sa couleur est généralement verte.

Tantôt il est formé d'une seule pièce appelée *sépale*, et porte alors le nom de *calice monosépale*; exemple: le Liseron, le Lilas ; tantôt il se compose de plusieurs pièces, et dans ce cas, on l'appelle *calice polysépale* ; exemple : la Giroflée, la Violette.

Durée du calice. —Quant à sa durée, le calice peut être :

Caduc, lorsqu'il tombe aussitôt que la fleur s'épanouit ; exemple : le Pavot ;

Tombant, lorsqu'il se détache en même temps que la corolle ;

Persistant, lorsqu'il reste jusqu'à la maturité du fruit.

Position du calice. — Relativement à sa position, le calice peut être considéré sous deux points de vue ; il est *libre* quand il ne fait pas corps avec l'ovaire; il est *adhérent* quand il est uni à cet organe par l'une de ses parties.

DE LA COROLLE.

La corolle est l'enveloppe la plus intérieure de la fleur complète (fig. 20, *b*). Elle est le plus souvent odorante et ornée de couleurs brillantes ; de même que le calice, elle sert à protéger les organes de la reproduction.

FIGURE 20.

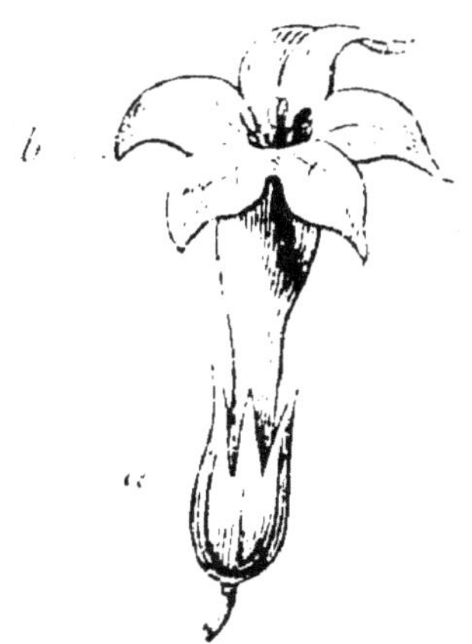

La corolle est composée tantôt d'une seule pièce, tantôt de plusieurs pièces ou pétales, disposées sur deux rangs ; dans le premier cas, on dit qu'elle est *monopétale* ; exemple : la Primevère, le Lilas ; dans le second cas, on la nomme *polypétale* ; exemple . la Rose, l'OEillet, la Violette.

Chaque pétale offre à considérer *un onglet*, ou

partie inférieure généralement rétrécie, et une *lame* ou partie supérieure ordinairement élargie.

La corolle monopétale adhère en général, par la base, aux filets des étamines; on y distingue trois parties, savoir : un *tube* ou partie inférieure plus ou moins allongée, comme dans la Primevère, le Lilas; un *limbe* ou partie supérieure, ordinairement évasée; exemple : la Bourrache; une *gorge* ou partie médiane, séparant le limbe du tube.

Toute corolle, monopétale ou polypétale, porte le nom de *corolle régulière*, lorsque ses divisions ou les pièces dont elle se compose, se ressemblent et forment un ensemble symétrique; exemple : la Rose, la Campanule, la Bourrache.

La corolle est *irrégulière*, lorsque ses divisions ou ses pièces diffèrent les unes des autres, et offrent un aspect irrégulier; exemple : la Gueule de loup, la Lunaire, le Haricot, le Pois de senteur, la Sauge des prés.

Les pétales ou les divisions de la corolle mono-pétale présentent deux modifications principales : ils peuvent être *opposés* aux divisions du calice, comme dans l'Épine-vinette, ou bien *alternes* avec les sépales du calice, comme dans la Giroflée, la Moutarde, l'OEillet, etc.; cette dernière disposition se rencontre dans le plus grand nombre des plantes.

Les corolles monopétales peuvent être :

Campanulées, lorsqu'elles ont la forme d'une cloche; exemple : le Liseron des champs.

Infundibuliformes, c'est-à-dire évasées au sommet et allongées en tube à la partie inférieure, comme dans le Tabac, la petite Centaurée; *en roue*, lorsque son limbe fort aplati repose sur un tube très peu développé ; exemple : la Bourrache, le Bouillon blanc.

Les corolles monopétales irrégulières, sont dites :

Labiées, lorsque leur limbe se partage en deux divisions ou *lèvres*, dont l'une est inférieure et l'autre supérieure ; exemple : la Sauge des prés. Si les deux lèvres sont fermées par une proéminence de la gorge, comme dans la Gueule de loup, la corolle est appelée *personée*.

Les corolles polypétales régulières, sont :

Cruciformes, lorsqu'elles se composent de quatre pétales disposés en croix ; exemple : la Moutarde des champs, le Cresson, la Lunaire ;

Rosacées, lorsqu'elles sont formées de plusieurs pétales égaux, disposés en rosace ; exemple : la Rose, les Cistes, la Potentille, le Fraisier.

On dit que les corolles polypétales irrégulières sont :

Papilionacées, lorsqu'elles sont composées de cinq pétales, dont la forme et la disposition offrent l'apparence grossière d'un papillon qui vole ; exemple : le Pois, le Haricot, l'Arrête-bœuf, l'Ajonc. Les pétales de ces fleurs ont, en outre, reçu une dénomination particulière. Ainsi, on appelle *étendard* le pétale supérieur qui est plié en dos d'âne, ou quelquefois relevé ; *carène* les deux pétales inférieurs, ordinairement soudés en un seul, représentant la carène d'un vaisseau, et renfermant le plus souvent les étamines et le pistil ; *ailes*, les deux pétales latéraux à l'origine desquels se trou-

5.

vent ordinairement deux appendices ou oreillettes.

Durée des corolles. — D'après sa durée, la corolle est caduque, décidue ou marcescente. Elle est *caduque* quand les pétales tombent presque aussitôt après leur épanouissement, comme dans un grand nombre de cistes.

Elle est *décidue*, lorsqu'elle tombe après la fécondation, ce qui a lieu dans le plus grand nombre des plantes.

Enfin, elle est *marcescente,* lorsqu'elle persiste après la fécondation et se fend avant de tomber ; exemple : les bruyères.

Épanouissement des corolles. — L'épanouissement des corolles a lieu à certaines époques déterminées pour chaque espèce de plantes. Dans nos climats, la plupart fleurissent au printemps et en été, un petit nombre pendant l'automne et l'hiver. De là, la distinction des plantes, en *printanières*, c'est-à-dire, fleurissant pendant les mois de mars, avril et mai ; *estivales*, s'épanouissant en juin, juillet et août ; *automnales*, fleurissant depuis le mois de septembre jusqu'à l'entrée de l'hiver ; et enfin *hibernales*, comprenant celles qui fleurissent depuis le mois de décembre jusqu'en février. L'époque variée de la floraison des plantes a conduit Linnée à établir un *calendrier de Flore*, basé sur les diverses phases de l'épanouissement des fleurs ; dans ces derniers temps, le professeur Lamark a dressé un calendrier analogue pour le climat de Paris ; d'après lui, les plantes fleurissent dans l'ordre suivant :

Calendrier de Flore.

Janvier.

L'ellébore noir *ou* rose de Noël.

Février.

Le noisetier. — L'aune.

Mars.

La perce-neige.   Le cornouiller mâle.
Le marsaule.   Le bois-gentil.

Avril.

La primevère.   Le pêcher.
Le buis.   L'abricotier.
La ficaire.   Le pas d'âne.
L'amandier.   La giroflée.
Les Groseilliers.   La violette.
Le prunier épineux.

Mai.

Le pommier.   L'épine-vinette.
Le lilas.   La bourrache.
Le marronnier.   Le fraisier.
Le bois de Judée.   L'argentine.
Le muguet.   L'iris des marais.

Juin.

La sauge des prés.   Le seigle.

Le coquelicot.
Le lin.
Le cresson de fontaine.

L'avoine.
Le blé.
La vigne.

Juillet.

Le tilleul.
Les menthes.
L'origan.
Les carottes.

La tanaisie.
Les œillets.
Le chanvre.
Le houblon.

Août.

La verge d'or.
La chicorée sauvage.
Les chardons.

La balsamine.
La parnassie des marais.

Septembre.

La succise.
Le lierre.

La colchique.

Octobre.

Les chrysanthèmes.
Les asters.

Le topinambour

Horloge de Flore. — L'époque de la floraison, comparée avec l'heure de la journée, offre encore une grande variété. La plupart des végétaux s'épanouissent indistinctement à toutes les heures du jour ; un grand nombre cependant s'ouvrent et se ferment à des heures régulières : ainsi, le Salsifis des prés s'ouvre de trois à cinq heures du matin, et se ferme à dix heures ; la Chicorée sauvage fleurit de quatre à cinq heures du matin, et se ferme à dix ; la Filoselle des murs s'épanouit de six à sept heures du matin, et se ferme à deux heures ; le Nénuphar blanc s'ouvre à sept heures du matin, et se ferme à cinq heures du soir ; le Mouron s'épanouit à huit heures du matin, et se ferme à deux heures, le Souci des champs fleurit à neuf heures du matin, et se ferme à huit heures du soir ; la Belle de nuit ne s'ouvre qu'à cinq heures du soir ; le Cactus à grandes fleurs s'épanouit à dix heures du soir, et se ferme à minuit. Dans quelques plantes, enfin, l'épanouissement des fleurs est en rapport avec l'état de l'atmosphère. Les exemples les plus remarquables de ce phénomène se rencontrent dans deux plantes exotiques : *le Souci pluvial* ne s'ouvre pas le matin quand il doit pleuvoir dans la journée ; le *Laitron de Sibérie*, au contraire, ne s'épanouit que lorsque le ciel est couvert de nuages.

DE L'ÉTAMINE.

L'étamine est l'organe mâle des végétaux ; elle se compose ordinairement de trois parties, savoir : l'anthère, le pollen et le filet.

L'anthère (a), ou partie essentielle de l'étamine, est, en général, formée de deux poches membraneuses, adossées immédiatement l'une à l'autre par un de leurs côtés. Sa forme varie : dans certaines plantes, elle représente un bouclier, un fer de flèche, un casque ; dans d'autres, elle est arrondie, bicorne, anguleuse, aplatie. En général, elle s'ouvre par u

FIGURE 21.

un sillon longitudinal, pour laisser passer le pollen ro
qu'elle contient.

Le *pollen* est cette poussière fécondante renfermée th
dans les loges de l'anthère; sa couleur est le plus ap
souvent jaune; dans certaines plantes, comme les or
orchis, il est granuleux.

Le *filet* (*b*, fig. 21) est cet appendice ordinairement lu
allongé et filiforme qui supporte l'anthère.

L'anthère et le pollen sont absolument indispen- a
sables pour la fécondation des végétaux; le filet lu
n'est qu'une partie accessoire de la fleur; aussi,
manque-t-il souvent, et, dans ce cas, l'étamine est la
dite *sessile*.

En général, l'anthère occupe le sommet du filet;
quelquefois, cependant, celui-ci se prolonge au- au
dessus du point d'insertion de l'anthère, comme on
dans la parisette; on le nomme alors proéminent.

Le nombre des étamines varie suivant les différentes plantes. Jusqu'à dix, elles sont en nombre ou
déterminé; passé dix, leur nombre n'est plus fixe:
dans ce cas, on les appelle *indéterminées*.

Tantôt elles sont d'égale grandeur entre elles,
comme dans le Lis, la Violette, la Rose; tantôt

elles sont *inégales*, c'est-à-dire que, dans la même fleur, les unes sont plus grandes, les autres plus petites. Cette disproportion est quelquefois symétrique : Ainsi, les *Geraniums* offrent dix étamines, dont cinq grandes sont réparties alternativement entre cinq autres plus petites : dans la *Sauge des prés*, la *Gueule de loup*, on trouve quatre étamines dont les deux inférieures sont constamment plus courtes que les deux supérieures. Ces étamines ont reçu le nom spécial de *didynames*. Dans la *Giroflée*, le *Cresson*, le *Radis*, le *Chou*, chaque fleur contient six étamines, parmi lesquelles quatre sont plus grandes que les deux autres ; elles constituent les étamines *tétradynames*.

Relativement aux divisions du calice et de la corolle, les étamines peuvent être *alternes* avec les divisions de la corolle, comme dans la *Bourrache*, le *Grémil* : cette disposition est la plus fréquente quand les étamines sont en nombre égal à celui des divisions de la corolle ; ou bien elles peuvent être *opposées* aux pétales : exemple : la Primevère. Toutes les fois que le nombre des étamines est double de celui des divisions de la corolle, la moitié des étamines est alterne, et l'autre est opposée aux divisions de la corolle. Dans la plupart des cas, les étamines sont opposées aux sépales ou aux divisions du calice.

Lorsque les étamines dépassent la hauteur du calice ou de la corolle, on les dit *exertes* ou *saillantes* ; exemple : le Plantain ; on les appelle *incluses*, quand elles sont plus courtes que ces enveloppes florales : exemple : la Primevère.

D'après leur direction, les étamines sont *dressées*, comme dans le Lis, l'Ornithogale, l'Agapante; *infléchies*, lorsque, courbées en arc, leur sommet penche vers le centre de la fleur; exemple: la Sauge des prés; *réfléchies*, quand elles se recourbent en dehors, comme dans la Pariétaire: *pendantes*, lorsque leur filet ne peut les soutenir ni les maintenir droites; exemple: le Blé, l'Avoine, le Seigle.

Relativement à leur insertion par rapport au pistil, les étamines offrent trois dispositions essentielles:

Elles sont *hypogynes*, lorsque leur filet a son origine au-dessous de l'ovaire; exemple: le Radis, le Pavot, l'Épine-vinette:

Périgynes, lorsque leur filet naît autour de l'ovaire; exemple: le Sarrasin, le Groseillier, le Haricot;

Épigynes, quand leur filet prend son origine sur l'ovaire lui-même; exemple: la Carotte, l'Aristoloche, le Bluet.

En général, les étamines sont *distinctes* les unes des autres: dans quelques plantes cependant, elles sont *adhérentes*, c'est-à-dire, soudées en un ou plusieurs corps appelés *androphores*. Quand la soudure a lieu par les filets et qu'elle ne forme qu'un seul androphore, les étamines sont dites *monadelphes*; exemple: la Mauve. Lorsqu'elle constitue deux androphores, les étamines portent le nom de *diadelphes*; exemple: le Haricot. Enfin, on dit que les étamines sont *polyadelphes*, lorsque leurs filets sont réunis en plusieurs androphores comme dans le Melaleuca.

Les étamines soudées par leurs anthères, portent le nom spécial de syngénèses ; exemple : la Laitue.

Dégénérescence des étamines en pétales. — Les étamines paraissent avoir une grande analogie de structure avec la corolle ; ces organes, en effet, subissent souvent des transformations complètes. De toutes les causes qui influent le plus sur les métamorphoses des étamines, nulle n'agit avec plus de force que l'affluence des sucs nourriciers. Par un excès de sève, non seulement les pétales se multiplient, mais cet accroissement s'effectue le plus souvent aux dépens des étamines, dont les unes dégénèrent en nouveaux pétales, et les autres perdent leurs anthères. Dans certaines circonstances même, toutes les étamines se convertissent en pétales, et il n'y a plus alors de fleur proprement dite, et partant plus de fruit à attendre. Ces diverses altérations ont amené plusieurs distinctions parmi les fleurs ; ainsi l'on a appelé :

Fleur simple, celle qui n'a que le nombre de pétales que comporte son espèce ;

Fleur double, celle qui acquiert un plus grand nombre de pétales qu'elle ne doit en avoir naturellement, mais chez laquelle les organes sexuels subsistent encore en partie, et fournissent quelques graines fécondes ;

Fleur pleine, celle dont la corolle est remplie par les pétales résultant de l'altération des étamines, et qui, par suite, reste complètement stérile.

La fleur pleine, dit M. de Candolle (1), est le but vers lequel tendent les soins de l'horticulteur, dont les intérêts sont, à tous égards, séparés de ceux du botaniste. Le premier, en effet, plus jaloux de jouir que de connaître, appelle continuellement l'art au secours de la nature, pour exciter celle-ci à des efforts inconnus, et ménager à l'œil des surprises par la nouveauté des couleurs et le luxe nombreux des ornements. Il sacrifie tout au brillant et à l'apparence ; il néglige l'espèce en faveur de quelques individus qu'il a adoptés, auxquels il prodigue ses soins, et qu'il transforme en de nouveaux êtres, qui, sous les dehors de la fécondité et de l'abondance, cachent une dégradation réelle.

Le botaniste, au contraire, uniquement attentif à étudier, à épier la nature, se plaît à la contempler dans cette naïve simplicité, plus précieuse sans doute que ces agréments dont on l'embellit par contrainte ; il n'adopte les nuances qu'autant qu'elles n'altèrent point d'une manière sensible la constance des formes primitives ; en un mot, l'individu qui s'offre à lui dans ses recherches n'est point à ses yeux un être isolé ; il y voit comme le type et le modèle de l'espèce entière, et il aime à y retrouver ces traits unis, mais vrais, que la nature a fidèlement prononcés dans les productions qui lui appartiennent tout entières.

Une grande partie des fleurs qui naissent de la culture sont donc de véritables monstres végétaux ; mais la multiplication ou le développement contre

(1) *Flore française*, tome 1er.

nature des parties simples, qui, dans le règne animal, produit des difformités choquantes, ne fait ici qu'ajouter à l'individu de nouvelles grâces, et un nouveau prix pour ceux qui se bornent à la satisfaction momentanée du coup d'œil. Au reste, la botanique n'aura jamais rien à craindre de l'art du fleuriste ; la nature est si riche et a des ressources si multipliées, que l'abandon qu'elle fait, dans nos parterres, de ses plus beaux droits, est moins une perte pour elle, que l'occasion d'une des plus agréables jouissances qu'elle puisse accorder à l'amateur des jardins.

La corolle périt, dans toutes les plantes, à l'époque de la fécondation : dans les fleurs doubles, la fécondation est empêchée par l'avortement des organes sexuels, en sorte que la corolle y persiste beaucoup plus longtemps ; c'est leur mutilation même qui cause le principal mérite de ces fleurs, savoir, leur longue durée.

DU PISTIL.

Le pistil, ou organe femelle, occupe toujours le centre du végétal ; il se compose de trois parties : l'ovaire, le style et le stigmate.

L'*ovaire* est cette partie inférieure du pistil renflée à la base, presque toujours sessile, et divisée souvent en plusieurs loges où sont renfermées les graines ou ovules qui doivent être fécondés (*a*, fig. 22).

L'ovaire peut être *libre* ou *adhérent* ; dans le premier cas, il ne fait pas corps avec le calice ; exemple : le Cresson, le Haricot, le Lis ; dans le second cas, il est soudé en tout ou en partie avec cet organe ; exemple : le Rosier.

Au dessus de l'ovaire se trouve le style, espèce de filament analogue au filet des étamines, et qui supporte le stigmate (fig. 22, *b*, *c*). Ce dernier est

FIGURE 22.

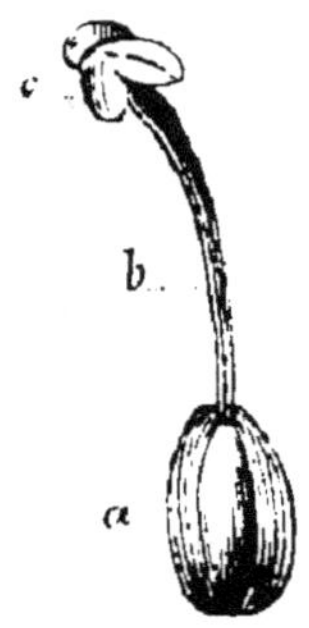

quelquefois sessile sur l'ovaire ; ses formes sont très multipliées.

En général, le nombre des styles ou des stigmates répond à celui des ovaires ou des loges de l'ovaire. Dans les monocotylédonées, les ovaires ou leurs divisions existent au nombre de trois, six ou neuf ; dans les dicotylédonées, le nombre des ovaires varie davantage ; ils sont souvent au nombre de cinq ou dix, ou bien partagés en cinq ou dix loges. Le nombre des loges qui les composent, détermine ordinairement le nombre des loges du

fruit. Mais diverses circonstances peuvent faire avor-
ter certains ovaires ou certaines loges de l'ovaire ;
c'est ainsi que, dans le marronnier d'Inde, sur les
six graines qui existent primitivement dans l'ovaire,
quatre d'entre elles avortent constamment ; le gland,
à l'époque de sa maturité, n'a jamais qu'une seule
graine, bien que son ovaire ait originairement trois
loges et six ovules. Les causes de ces avortements
ne sont pas encore bien connues.

Fécondation des plantes. — Dès que la plante
est parvenue à son état adulte, les organes reproducteurs les plus essentiels commencent leurs fonctions. L'anthère, gonflée par le développement
du pollen, se déchire ; la poussière fécondante
s'échappe, elle se répand sur le stigmate, et celui-ci en transmet l'impression aux ovules, qui se
trouvent ainsi fécondés et s'animent d'une nouvelle
vie. La variété des moyens à l'aide desquels le végétal perpétue son espèce, va nous montrer l'admirable perfection des œuvres de la Providence,
qui n'a rien négligé pour assurer le but final de la
reproduction des êtres.

On sait déjà que la plupart des plantes sont hermaphrodites, et que les organes sexuels, renfermés dans la même enveloppe florale, réunissent
toutes les conditions les plus favorables à la fécondation ; mais d'autres végétaux n'ont pas la même
structure. Dans quelques uns, les fleurs mâles et
les fleurs femelles se trouvent sur des individus
séparés ; d'autres portent des fleurs hermaphrodites et des fleurs femelles ; ces différences qui, au
premier coup d'œil, sembleraient autant d'obstacles

à la fécondation, ne sont qu'un luxe de la nature, qui sait toujours proportionner les moyens aux fins qu'elle se propose.

Les organes sexuels sont-ils séparés les uns des autres, la poussière fécondante est portée par les vents souvent à des distances considérables ; l'histoire du pistachier du Jardin des Plantes, à Paris, en fait preuve. On cultivait depuis longtemps, au Muséum, deux pieds de pistachiers femelles, qui, chaque année, se couvraient de fleurs, mais ne fructifiaient pas. Une année, cependant, Bernard de Jussieu vit le fruit de ces deux arbres nouer et mûrir parfaitement. Il pensa aussitôt qu'il devait exister dans Paris ou aux environs quelque individu mâle portant des fleurs, et, en effet, après plusieurs recherches, il découvrit qu'un pied de pistachier mâle avait fleuri à la même époque dans la pépinière du Luxembourg.

Les organes sexuels, bien que réunis dans la même enveloppe florale, peuvent se trouver dans une position telle que la fécondation paraisse impossible dans ces circonstances ; rassurez-vous, tout a été prévu : les étamines exécutent alors des mouvements particuliers qui les rapprochent du pistil.

A l'époque de l'émission du pollen, les étamines de la Rue se redressent alternativement vers le stigmate, y répandent leur poussière fécondante, et se renversent ensuite en dehors.

Dans les saxifrages, les étamines s'approchent deux à deux du stigmate, le fécondent, et reprennent ensuite leur première position.

Les étamines d'une espèce d'amaryllis tournent

sur leurs filets, et viennent présenter au stigmate la partie de l'anthère par laquelle le pollen doit s'échapper.

Dans la scrofulaire, le style s'abaisse au moment de l'émission du pollen, et reprend sa place dès qu'il a reçu la poussière fécondante.

Les étamines du kalmia se détachent de la corolle, se penchent afin de dégager leurs anthères des fossettes où elles sont logées, se redressent ensuite sur le stigmate et y répandent leur pollen.

Dans la pariétaire, les étamines qui, dans leur état ordinaire, sont infléchies vers le centre de la fleur, au-dessous du stigmate, se redressent avec élasticité au moment de la fécondation, et lancent avec force leur pollen sur le pistil.

Au moment de la fécondation, les étamines du tabac s'approchent toutes à la fois du pistil.

Lorsque les étamines sont plus longues que le pistil, comme dans la parnassie des marais, elles s'abaissent sur le stigmate, et se redressent après l'avoir fécondé.

Dans le cas contraire, c'est-à-dire, quand les étamines sont plus courtes que le pistil, la fleur est penchée avant la fécondation, et se redresse dès que l'anthère a répandu son pollen. Ce phénomène est facile à observer dans la couronne impériale, la campanule des jardins.

Les fleurs sont-elles disposées en grappes, en épis, comme dans le blé, l'avoine, les fleurs inférieures sont fécondées par celles qui sont placées au-dessus : les étamines versent sur elles leur pollen , et les filets flottants qui les supportent, le dispersent sur toutes les fleurs.

Mais si la structure des fleurs terrestres, dont la fécondation s'opère naturellement à l'air libre, est parfaitement en harmonie avec le rôle que ces fleurs doivent accomplir au temps de la fécondation, combien n'admirerons - nous pas davantage cette sage prévoyance de la nature qui éclate dans les plantes aquatiques. Ces végétaux ne peuvent être fécondés sous l'eau ; il faut que leurs fleurs paraissent nécessairement à la surface à une époque déterminée : de nouveaux besoins vont nous montrer de nouvelles ressources.

Au moment de la fécondation , l'utriculaire, petite plante très commune dans les eaux stagnantes, dégage de l'air et en remplit les utricules dont les feuilles sont chargées. Devenue alors spécifiquement plus légère que le liquide dans lequel elle végète, elle gagne la surface de l'eau au moyen de ces espèces de ballons, puis, quand la fécondation est effectuée, une matière mucilagineuse remplace l'air des utricules, et la plante, ainsi lestée, regagne le fond des eaux pour y compléter sa fructification.

Les plantes sont-elles fixées au fond des eaux par leurs racines, le développement des pédoncules ne s'arrête que lorsque la fleur a atteint la surface, et s'il survient une crue d'eau au moment où la fleur est près de s'épanouir, l'accroissement du pédoncule continue : de cette manière, les fleurs se maintiennent toujours à la surface pendant la floraison. Ce phénomène est très visible dans le nénuphar, le potamogéton et le volant d'eau.

La valisnérie est encore plus remarquable. Cette plante, très commune dans le canal du Languedoc, est attachée au fond des eaux qui la tiennent constamment submergée. Ses étamines et ses pistils sont portés sur des pieds différents; un long pédoncule supporte la fleur femelle; ce pédoncule, roulé en spirale, se déroule, et la fleur vient s'épanouir à la surface de l'eau. Les fleurs mâles, cependant, sont renfermées dans une même enveloppe qui repose sur un pédoncule très court. A l'époque de la fécondation, le pédoncule se brise, les fleurs mâles rompent la membrane qui les emprisonne, et viennent à la surface de l'eau s'épanouir et féconder les fleurs femelles : ces dernières, aussitôt, contractent leurs spirales et redescendent au fond des eaux, où leurs fruits achèvent de mûrir.

Ainsi la Providence varie ses bienfaits, et, jusque dans les plus petites choses, nous révèle une merveilleuse ressource de moyens.

DU FRUIT.

La fructification est le but vers lequel tendent les principales fonctions des plantes, elle est aussi le terme de leur végétation. A peine le pistil est-il fécondé, les étamines tombent, la corolle se flétrit, bientôt le pistil seul persiste, et, à mesure que le fruit se perfectionne, les sucs nourriciers l'abandonnent peu à peu, et cessent enfin de lui arriver dès qu'il a atteint sa maturité.

Aux yeux du botaniste, tout ovaire fécondé constitue le fruit ; celui-ci se compose de deux parties essentielles : le péricarpe et la graine.

Du péricarpe. — Sous le nom de péricarpe, on comprend cette partie du fruit, tantôt très apparente, tantôt réduite à une simple membrane qui enveloppe la graine. Le péricarpe existe dans toutes les plantes, mais il est parfois tellement adhérent à la semence, qu'on ne peut l'en distinguer ; aussi dit-on dans ce cas que la graine est *nue*, exemple : le blé, la sauge des prés, le pissenlit.

Le péricarpe offre à considérer trois parties : la plus extérieure, connue vulgairement sous le nom de *peau*, forme *l'épicarpe* ; la partie intermédiaire, nommée *chair* dans les pommes, les poires, et *pulpe* dans la groseille, le raisin, constitue le mésocarpe ; la troisième, située tout à fait à l'intérieur, et appliquée immédiatement contre la semence, se nomme *endocarpe* ; osseuse dans les fruits à noyau et semblable à du parchemin dans les fruits à pepin, elle a pour but de préserver la graine de toute espèce d'altération jusqu'à l'époque de la germination.

La forme du péricarpe est extrêmement variée, c'est elle qui détermine la forme du fruit. Les cavités qu'il renferme et dans lesquelles les graines sont placées, portent le nom de *loges* ; d'après leur nombre, on dit que le fruit est *uni* ou *pluriloculaire*.

Le péricarpe est souvent divisé à l'extérieur en plusieurs pièces distinctes appelées *valves* ; le nombre de ces pièces se désigne de même que celui des loges : ainsi, l'on dit que le fruit est *uni* ou

FIGURE 23.

multivalve, selon qu'il offre une ou plusieurs valves.

Les parties résistantes, qui séparent les loges du fruit, sont connues sous le nom de *cloisons*. Tantôt ces pièces sont distinctes des valves, comme dans la Giroflée, le Cresson ; tantôt elles résultent des valves, elles-mêmes, et n'en sont que des appendices, comme dans le Lis, la Tulipe, la Jacinthe ; quelquefois, enfin, elles sont formées par les bords des valves, qui rentrent dans l'intérieur du fruit et se partagent en plusieurs compartiments : exemple : les Astragales. La ligne de jonction des valves se nomme *suture* ; la partie intérieure du péricarpe, où s'insèrent les graines, est appelée *placenta*.

Tous les fruits peuvent être rapportés à deux groupes principaux : les fruits secs et les fruits charnus.

Les *fruits secs* sont ceux dont le mésocarpe est réduit à une simple pellicule ; ils se distinguent en fruits secs *déhiscents*, c'est-à-dire s'ouvrant d'eux-mêmes à la maturité, et en fruits secs *indéhiscents*, ou ne s'ouvrant pas d'eux-mêmes.

Aux premiers appartiennent la gousse, la silique et la capsule.

La *gousse* ou *légume* est un fruit allongé, caractérisé par ses graines qui ne sont attachées que sur l'un des bords latéraux; exemple : le Haricot, la Lentille, la Fève, le Pois.

La *silique* est un fruit à deux valves, dont les graines sont fixées sur les deux bords latéraux; exemple : la Giroflée, le Cresson. Lorsque la silique est à peu près aussi large que longue, on lui donne le nom de *silicule*; exemple : la Lunaire.

Sous le nom de *capsule*, on comprend tous les fruits secs déhiscents qui n'ont pas de forme arrêtée; exemple : le Lis, la Tulipe, l'Œillet, la Campanule. Les capsules qui s'ouvrent en deux valves posées l'une sur l'autre, comme dans le Mouron, la Jusquiame, ont reçu la dénomination spéciale de *pixides* ou *boîtes à savonnette*.

Les principaux fruits secs indéhiscents, sont le Cariopse, la Noix et la Samare.

Le *Cariopse* est un fruit à une seule graine, dont le péricarpe est tellement adhérent, qu'il est impossible de le distinguer du tégument propre de la graine; exemple : le Blé, l'Avoine, l'Orge, le Seigle.

La *Noix* est un fruit presque ligneux, ne contenant qu'un petit nombre de graines; exemple : les borraginées.

La *Samare* est un fruit coriace, membraneux, très comprimé et souvent muni d'appendices ailés; exemple : l'Orme, l'Erable.

Les fruits charnus sont ceux dont le mésocarpe

est mou et succulent ; de ce nombre sont la pomme
et la baie.

La *Pomme* se reconnaît à son sommet couronné
par les lobes du calice ; exemple : la Pomme, la
Poire, le Coing.

La *Baie* est un fruit sans loges distinctes, et dont
les graines sont situées au milieu d'une pulpe abondante ; exemple : la Groseille, le Raisin.

De la graine. — La graine est cette partie du
fruit qui contient le rudiment d'une nouvelle
plante : en d'autres termes, c'est l'œuf végétal fécondé par le pollen et qui doit reproduire un végétal semblable à celui dont il provient.

La graine adhère au péricarpe par un filament
appelé *cordon ombilical*, résultant de la réunion
des vaisseaux qui lui apportent les sucs nécessaires
à son développement ; la partie du péricarpe à laquelle les cordons ombilicaux sont attachés, porte
le nom de *placenta*. Le point de la graine où le
cordon ombilical aboutit, se nomme *hile, ombilic*
ou *cicatricule* ; le côté de la graine où se trouve
l'ombilic, est considéré comme *la base*, et le côté
opposé comme le sommet.

On distingue dans la graine deux tuniques propres, savoir le test et la membrane interne.

Le *test* est cette tunique extérieure, ordinairement lisse, qui existe dans toutes les graines, et
donne passage aux sucs nourriciers, à l'époque de
la germination.

La *membrane interne* est cette partie très mince,
plus ou moins adhérente au test, suivant l'âge de
la graine, et souvent difficile à découvrir.

En suivant les différentes phases que parcourt la graine avant sa maturité, on remarque que, dès qu'elle est visible, son noyau est entièrement formé par une liqueur pulpeuse, nommée *chorion*, qui disparaît avant la maturité; peu de temps après que la fécondation a eu lieu, on aperçoit une autre liqueur, tantôt vitrée, tantôt gélatineuse, connue sous le nom d'*amnios* et dans laquelle flotte l'embryon; peu à peu le chorion se détruit, l'amnios diminue de volume, l'embryon grossit, et la maturité se déclare : dans cet état, la graine se compose de deux parties : l'épisperme et l'amande.

L'*épisperme* est l'enveloppe immédiate de l'amande, à laquelle il adhère d'autant plus que le fruit est plus avancé en maturité ; on le connaît généralement sous le nom de peau.

L'*amande* constitue le corps cotylédonaire ; c'est elle qui contient l'embryon, organe essentiel de la graine et dont les parties ont été décrites à l'occasion de la germination des plantes.

Dissémination des graines. — La dissémination des graines a pour but de placer la semence dans les conditions favorables à son développement. Les unes, comme le pissenlit, le charme, la laitue, le sapin, sont garnies de volants, d'aigrettes, de panaches, d'appendices ailés, à l'aide desquels les vents les transportent à de grandes distances. Les autres, trop légères pour résister au vent, sont munies de crochets qui les arrêtent et les empêchent de se répandre trop loin. Il en est qui, de même que la balsamine, sont contenues dans des capsules élastiques, dont le ressort les

lance aussitôt que le fruit a acquis un certain degré de sécheresse ou d'humidité. Les graines destinées à voyager sur les eaux, sont renfermées dans
des boîtes osseuses, qui les préservent de l'humidité: celles qui, par leur pesanteur spécifique,
semblent condamnées à rester au pied du végétal
qui les a produites, sont souvent celles qui font
les plus longs voyages ; elles volent avec les ailes
des oiseaux : c'est ainsi que les oiseaux ressèment
une multitude de fruits à pepins ou à noyaux. Les
grives, pendant l'automne, se nourrissent du fruit
du gui, et ressèment chaque année cette plante parasite sur les pommiers, les chênes, les peupliers ;
un oiseau des îles Moluques a repeuplé de cette
manière de muscadiers les îles de cet archipel, mal-
gré les efforts des Hollandais qui détruisent ces
arbres dans tous les lieux où ils ne servent pas à
leur commerce. Un grand nombre de graminées
sont transportées en divers lieux par différents qua-
drupèdes : les marmottes charrient dans leurs ter-
riers des fruits du châtaignier, et ceux qui sont
oubliés au fond de leurs magasins germent, lèvent,
et deviennent de grands arbres qui fournissent
abondamment à la nourriture de l'habitant des
montagnes. Partout, le Créateur a multiplié les
moyens qui aident à la dispersion des graines, et,
dans sa sagesse profonde, il a su maintenir un juste
équilibre entre leur reproduction ; leur excédant
sert aux besoins de l'homme et des animaux, et
l'ordre admirable de l'univers est ainsi conservé.

CLASSIFICATION DES VÉGÉTAUX.

On connaît aujourd'hui plus de trente mille espèces de plantes répandues sur la surface du globe.
Au premier abord, il paraît impossible de se reconnaître dans cet immense dédale ; la mémoire
seule, en effet, est insuffisante pour retenir le nom
de tous les végétaux, à plus forte raison, pour se
rappeler les caractères qui les différencient les uns
des autres ; mais, à mesure que le nombre des
plantes connues s'est multiplié, on a senti de plus
en plus la nécessité de les diviser successivement
en plusieurs groupes, et de les disposer de telle
sorte qu'on pût, sans trop de peine, trouver celles
que l'on cherchait : de là, les systèmes et les méthodes créés par les botanistes, dans le but de fa-
ciliter l'étude des plantes.

Par *systèmes*, on entend les classifications fondées sur des caractères empruntés à un seul organe ;
tels sont ceux de Tournefort et de Linnée.

Sous le nom de *méthodes*, on range les classifications établies d'après l'examen de tous les organes des plantes existant à une époque déterminée. Ces dernières, aujourd'hui, ont prévalu ; mais, comme on emploie encore quelquefois les systèmes, passons rapidement en revue chacune des classifications principales.

Système de Tournefort. — Le système de Tournefort, désigné improprement sous le nom de méthode, repose principalement sur les différentes formes de la corolle. Il se compose de vingt-deux classes, dont les caractères sont tirés, 1° de la consistance et de la grandeur de la tige ; 2° de la présence ou de l'absence de la corolle ; 3° de l'isolement des fleurs ou de leur réunion dans un involucre commun : 4° de la corolle monopétale ou polypétale ; 5° de sa régularité ou de son irrégularité.

SYSTÈME DE TOURNEFORT.

Herbes à fleurs	pétalées	simples	monopétales	régulières { campaniformes. / infundibuliformes.
				irrégulières { personnées. / labiées.
			polypétales	régulières { cruciformes. / rosacées. / ombellifères. / caryophyllées. / liliacées.
				irrégulières { papilionacées. / anomales.
		composées		{ flosculeuses / semi-flosculeuses. / radiées.
	apétalées			{ à étamines. / sans fleurs. / sans fleurs ni fruits.
Arbres à fleurs	apétalées			{ apétales proprem. dits. / amentacées.
	pétalées		monopétales	monopétales.
			polypétales	{ régulières rosacées. / irrégul. papilionacées.

Le principal reproche qu'on puisse faire à ce système, c'est qu'il sépare les plantes herbacées des plantes ligneuses; il en résulte que les rapports les plus naturels sont méconnus, et que les végétaux qui ont entre eux le plus d'analogie, comme le fraisier, la potentille, le rosier, l'abricotier, sont souvent relégués à de grandes distances.

Le système de Linnée est établi d'après les caractères tirés des organes sexuels, principalement des étamines. Il divise tous les végétaux en deux sections; la première comprend les plantes dont les fleurs sont apparentes, ce sont les *phanérogames*; la seconde renferme les végétaux chez lesquels les organes reproducteurs sont cachés, ce sont les *cryptogames*.

Les phanérogames forment vingt-trois classes, parmi lesquelles les vingt premières comprennent les végétaux à fleurs hermaphrodites. Dans les dix premières classes, les étamines sont égales entre elles, et leur nombre est déterminé: il cesse d'être fixe dans les 11e, 12e et 13e classes.

La 14e et la 15e classe sont établies d'après la proportion relative des étamines.

La 16e, la 17e, la 18e, la 19e et la 20e classe sont fondées sur l'adhérence plus ou moins complète des organes sexuels.

La 21e, la 22e et la 23e classe se composent des plantes unisexuées à fleurs monoïques, dioïques et polygames.

Enfin, la 24e et dernière classe se rapporte aux

plantes dont les fleurs sont invisibles, comme les champignons, les mousses, les algues, les fougères, les lichens.

Le tableau suivant fait connaître les classes du système sexuel de Linnée.

SYSTÈME DE LINNÉE.

Plantes à

- organes sexuels apparents
  - fleurs hermaphrodites.
    - étamines distinctes du pistil
      - libres
        - proport. indéterminée
          - nombre ....
            - 1 monandrie.
            - 2 diandrie.
            - 3 triandrie.
            - 4 tétrandrie.
            - 5 pentandrie.
            - 6 hexandrie.
            - 7 heptandrie.
            - 8 octandrie.
            - 9 ennéandrie.
            - 10 décandrie.
            - 11 dodécandrie.
          - nombre et insertion
            - 12 icosandrie.
            - 13 polyandrie.
        - proportion déterminée ......
          - 14 didynamie.
          - 15 tétradynamie.
      - réunies ....
        - par les filets ....
          - 16 monadelphie.
          - 17 diadelphie.
          - 18 polyadelphie.
        - par les anthères ..... 19 syngénésie.
    - étamines soudées avec le pistil .... 20 gynandrie.
  - fleurs unisexuées ....
    - 21 monœcie.
    - 22 diœcie.
    - 23 polygamie.
- organes sexuels cachés .... 24 cryptogamie.

Chacune de ces classes est divisée en *ordres* d'après des principes variables. Ainsi, dans les treize premières classes essentiellement fondées sur le nombre des étamines, les ordres sont établis sur le nombre des styles, et on les désigne sous les noms de monogynie, digynie, trigynie, tétragynie, pentagynie, hexagynie, heptagynie, octogynie, ennéagynie, décagynie, dodécagynie et polygynie.

Dans la didynamie, ou 14° classe, on trouve deux ordres : l'un, appelé gymnospermie, renferme les plantes qui ont quatre graines nues au fond du calice; l'autre, nommé angiospermie, a les graines contenues dans un péricarpe apparent.

La tétradynamie se divise en deux ordres : la tétradynamie siliqueuse, dont le fruit est quatre fois au moins plus long que large, et la tétradynamie siliculeuse, dont le fruit n'est pas quatre fois plus long que large.

Dans la monadelphie, la diadelphie, la polyadelphie, la gynandrie, la monœcie et la diœcie, qui sont fondées sur l'adhérence des étamines par leurs filets, les ordres sont déduits du nombre des étamines elles-mêmes, et portent, par conséquent, les noms des premières classes.

Dans la syngénésie, les ordres très compliqués sont établis sur les rapports qui existent dans la disposition des deux sexes et sur celles des fleurs elles-mêmes. La classe est d'abord partagée en deux ordres, savoir : la syngénésie polygamie, où les fleurs sont réunies plusieurs ensemble dans un calice commun, et la syngénésie monogamie, où elles sont séparées ; ce dernier ordre ne se subdivise pas, mais le premier se partage en cinq autres, savoir : la polygamie égale, dont toutes les fleurs sont hermaphrodites ; la polygamie superflue, dont les fleurs centrales sont hermaphrodites et les marginales stériles ; la polygamie nécessaire, où les fleurs marginales sont seules fertiles, et enfin, la polygamie séparée, où les fleurs, bien que renfermées dans un involucre commun, ont encore chacune un calice propre.

La classe 23ᵉ, ou la polygamie, se divise en trois ordres tirés de la disposition des trois sortes de fleurs, ou sur les mêmes plantes, et alors on a l'ordre de la monœcie, ou sur deux individus différents, comme dans la polygamie diœcie, ou sur trois individus, comme dans la polygamie triœcie.

Enfin, la cryptogamie se divise en quatre ordres : les fougères, les mousses, les algues et les champignons, établis d'après le port seul de ces plantes, et sans caractères rigoureux.

Ce système, fort simple au premier coup d'œil, présente souvent des difficultés graves, par la raison même qu'il est surtout fondé sur la considération d'organes sujets à varier ; plusieurs plantes, telles que les labiées et les personnées, qui ont entre elles la plus grande analogie, se trouvent séparées dans des classes distinctes, parce que les unes ont quatre étamines, et que les autres n'en offrent que deux. Les graminées, l'une des familles les plus naturelles de tout le règne végétal, se trouvent dispersées dans sept classes différentes. Toutefois, comme Linnée a déclaré le premier que son système n'était qu'artificiel, et qu'il ne pouvait servir qu'à faire trouver avec plus de facilité le nom d'une plante donnée, il serait injuste de lui faire un reproche d'avoir ainsi éloigné les unes des autres les plantes qui ont le plus d'affinité entre elles, et quiconque veut étudier sérieusement les rapports des végétaux, doit les rechercher à l'aide de la méthode naturelle, la seule jusqu'ici qui conduise sûrement à ce but.

La *méthode naturelle*, inventée par Bernard de Jussieu, s'éloigne entièrement des systèmes précédents. Les divisions n'y sont pas établies sur la considération d'un seul organe, mais bien d'après la *subordination des caractères*, c'est-à-dire, d'après la valeur relative de chacune des parties dont se composent les végétaux, de manière que la classification, fondée d'abord sur les organes prédominants, et ensuite sur ceux qui offrent moins d'intérêt, imite le plus possible l'ordre de la nature.

L'embryon, étant l'organe le plus essentiel, le but commun vers lequel tendent toutes les fonctions de la plante, occupe le premier plan dans cette méthode, et sert de base première aux divisions. Les organes sexuels sont placés au second rang, et fournissent des caractères tirés de leur position relative ou de leur insertion ; viennent ensuite les feuilles, les tiges et les racines, mais seulement comme caractères accessoires. Tous les végétaux se trouvent ainsi répartis en plusieurs groupes formés chacun d'espèces, de variétés, de genres et de familles.

L'*espèce* est la réunion de tous les individus qui se reproduisent constamment de la même manière : les caractères qui servent à les distinguer entre eux sont empruntés principalement aux organes fondamentaux ; les espèces qui diffèrent par leur grandeur, leur coloration, constituent les *variétés ;* celles - ci, dans l'état de nature, ne se reproduisent pas constamment de graines avec tous leurs caractères. Ainsi, les fleurs de la belle de nuit sont ordinairement rouges; quelquefois, cependant, elles sont blanches ou jaunes, sans que, pour cela, les autres caractères soient changés ; ce qui le prouve, c'est que, si l'on sème des graines de cette dernière, elles produiront également des fleurs jaunes, rouges ou blanches ; la belle de nuit jaune ou blanche n'est donc qu'une variété de celle à fleurs rouges.

Le *genre* est la collection des espèces réunies entre elles par des caractères communs fournis par les organes de la fructification, mais distincts les uns des autres par des caractères spécifiques tirés des feuilles, des tiges et des graines. Ainsi, le genre *solanum*, dont la pomme de terre est le type, a, pour caractères, un calice quinquéfide, une corolle en roue, cinq étamines, dont les anthères s'ouvrent par des pores, un stigmate obtus, et, pour fruit, une baie plus ou moins arrondie. Toutes les espèces de ce genre devront offrir ces différents caractères, mais elles différeront les unes des autres par la forme de leurs tiges, de leurs feuilles, de leurs racines.

La *famille* est la collection des genres réunis

entre eux par des caractères communs. Ainsi, la famille des crucifères, à laquelle appartiennent la giroflée, la lunaire, le cresson, a, pour caractères, un embryon dicotylédoné, un fruit siliqueux ou siliculeux, ordinairement quatre pétales disposés en croix, les étamines tétradynames, la corolle polypétale, et un calice polysépale. Tous les genres de cette famille devront offrir les mêmes caractères essentiels ; les modifications qu'ils pourront présenter constitueront les différences entre les genres et les espèces de cette famille.

Les familles, réunies d'après les caractères généraux qui leur sont propres, constituent les *classes*.

La méthode naturelle de Jussieu comprend quinze classes. Les deux premières bases, ainsi que nous l'avons vu plus haut, sont établies d'après la présence ou l'absence d'embryon ; ainsi, tous les végétaux sont embryonés ou inembryonés, et, suivant qu'ils sont dépourvus de cotylédons ou qu'ils sont munis d'un ou deux cotylédons, on les divise en acotylédonés, monocotylédonés et dicotylédonés.

Les acotylédonés constituent la première classe.

Les monocotylédonés, considérés sous le point de vue de l'insertion des organes sexuels, sont hypogynes, périgynes et épigynes, et se partagent en trois classes.

Les dicotylédonés, plus nombreux que les végétaux qui précèdent, exigeaient, pour leur classification, des divisions plus multipliées ; le caractère tiré de l'insertion, loin de suffire, n'est plus que secondaire, tandis que la considération de la corolle est devenue principale ; ainsi donc, les cotylédonés qui sont privés de corolle, ou dont la corolle est monopétale ou polypétale, se trouvent répartis en trois sections ; chacune de ces sections se subdivise en classes fondées principalement sur l'insertion.

Les apétales sont épigynes, périgynes. hypogynes.

Les monopétales offrent la même insertion, avec cette différence cependant, que les monopétales épigynes constituent deux classes. d'après l'adhérence ou la non-adhérence de leurs étamines. Viennent ensuite les polypétales, divisés également en trois classes, suivant leur mode d'insertion épigynique, périgynique ou hypogynique.

Enfin, la 15e et dernière classe comprend toutes les plantes dicotylédonées dont les fleurs sont unisexuées et séparées sur des individus distincts, ce sont les diclines irrégulières.

Le tableau suivant donnera une idée complète de leur distribution.

MÉTHODE DE JUSSIEU.

Inembryonées .... 1 acotylédonie.

Embryonées..
- monocotylédonées à étamines
  - épigynes.............. 2 monoépigynie
  - périgynes............. 3 monopérigynie.
  - hypogynes............. 4 monohypogynie.
- dicotylédonées.
  - apétales à étamines....
    - hypogynes.... 5 hypostaminie.
    - épigynes...... 6 épistaminie.
    - périgynes..... 7 péristaminie.
  - monopétales à corolle.........
    - hypogyne.......... 8 hypocorollie.
    - périgyne.......... 9 péricorollie.
    - épigyne, épicorollie
      - 10 synanthérie.
      - 11 corisanthérie.
  - polypétales à étamines..
    - épigynes..... 12 épipétalie.
    - hypogynes... 13 hypopétalie.
    - périgynes.... 14 péripétalie.

diclines irrégulières .... 15 diclinie.

MÉTHODE DE JUSSIEU.

1ere *classe*. — *Plantes acotylédonées*.

Famille des algues.
    —   des champignons.
    —   des lichens.
    —   des fougères.
    —   des mousses.

PLANTES MONOCOTYLÉDONÉES.

2e *classe*. — *Monocotylédonées hypogynes*.

Famille des cypéracées.
    —   des graminées.

3e *classe*. — *Monocotylédonées périgynes*.

Famille des asparaginées.
    —   des liliacées.

4e *classe*. — *Monocotylédonées épigynes*.

Famille des narcissées.
    —   des iridées.
    —   des orchidées.

PLANTES DICOTYLÉDONÉES.

5e *classe*. — *Apétales épigynes*.

Famille des aristolochées.

8.

6ᵉ *classe.* — *Apétales périgynes.*

Famille des thymélées.
— des polygonées.

7ᵉ *classe.* — *Apétales hypogynes.*

Famille des amaranthacées.

8ᵉ *classe.* — *Monopétales hypogynes.*

Famille des plantaginées.
— des primulacées.
— des labiées.
— des solanées.
— des convolvulacées.

9ᵉ *classe.* — *Monopétales périgynes.*

Famille des gesnériacées.
— des campanulacées.

10ᵉ *classe.* — *Monopétales épigynes.*

Famille des synanthérées.

11ᵉ *classe.* — *Monopétales épigynes corysanthérées.*

Famille des dipsacées.
— des caprifoliacées.

12e classe. — Polypétales épigynes.

Famille des ombellifères.

13e classe. — Polypétales hypogynes.

Famille des crucifères.
— des violariées.
— des caryophyllées.
— des renonculacées.
— des géraniacées.
— des malvacées.
— des ampélidées.

14e classe. — Polypétales périgynes.

Famille des rosacées.
— des légumineuses.

15e classe. — Diclines irrégulières.

Famille des urticées.

Etudions maintenant quelques familles du règne végétal ; ce seront autant d'applications de la méthode naturelle, et de types auxquels on pourra rapporter chacune des classes établies par de Jussieu.

Iʳᵉ CLASSE — PLANTES ACOTYLÉDONÉES.

Les familles de cette classe ne renferment aucune plante qui soit pourvue d'étamines ou de pistils ; leurs organes reproducteurs sont des corpuscules particuliers analogues à des graines, mais qui, cependant, n'en présentent pas les caractères essentiels. C'est dans cette classe qu'il faut ranger la famille des algues, des champignons, des lichens, des fougères, des mousses.

FAMILLE DES ALGUES.

Les Algues sont des plantes marines. Elles affectent tantôt la forme de filaments capillaires, articulés ou continus, tantôt la forme de lames membraneuses entières ou lobées dont la substance est homogène dans toutes ses parties ou traversée par des nervures allongées. Les organes de la fructification sont renfermés soit dans l'intérieur de la plante, soit dans des conceptacles extérieurs qui offrent l'aspect de renflements.

FAMILLE DES CHAMPIGNONS.

On reconnaît les champignons à leur consistance charnue, subéreuse ou mucilagineuse. Quelques genres n'offrent que l'aspect de simples tubercules.

d'autres, celui de filaments ; plusieurs genres représentent des branches de corail ; le plus grand nombre ont la forme de parasols. Cette forme spéciale a fait donner certains noms aux diverses parties de la plante. Ainsi, la partie supérieure et bombée du champignon s'appelle *chapeau*, le pied qui lui sert de base se nomme *pédicule*. Lorsque le champignon, avant son développement, est tout entier caché dans une bourse qui se rompt ensuite irrégulièrement, on dit qu'il est enveloppé dans un *volva*, et l'on appelle *collier* l'anneau déchiré qui persiste après la rupture du *volva*. Les organes reproducteurs de la plante sont contenus dans des capsules ovoïdes ou arrondies situées soit dans l'intérieur de la plante, soit à sa surface.

. FAMILLE DES LICHENS.

Les arbres, les pierres sont souvent tapissés de petites plantes de consistance sèche et coriace qui ont le plus souvent l'apparence de croûtes membraneuses : ces plantes sont des lichens. Leurs organes reproducteurs sont déposés dans des réceptacles affectant en général la forme d'écussons.

FAMILLE DES FOUGÈRES.

Dans nos climats, toutes les plantes de cette famille sont herbacées. Leurs feuilles appelées *frondes* sont toujours roulées en crosse avant leur développement et peuvent être simples ou composées. En général, c'est à la face inférieure des frondes que sont placés les organes de la fructification. Les graines sont représentées par de petits corps appelés *sporules*, qui, eux-mêmes, sont nus ou renfermés dans des capsules écailleuses connues sous le nom de *sores*. Les sporules sont parfois enveloppées d'un bourrelet élastique : leur déhiscence a lieu tantôt par une fente, tantôt par une déchirure irrégulière. La portion d'épiderme qui abrite les sores s'appelle *indusie*.

FAMILLE DES MOUSSES.

On trouve la plupart des mousses dans les endroits humides et ombragés. Leur tige est simple ou rameuse ; leurs feuilles sont généralement très étroites et fort petites, leurs racines sont très serrées et très fines. Les graines sont contenues dans des capsules désignées sous le nom d'*urnes*, portées sur une soie grêle et plus ou moins longue. Les urnes sont d'abord enveloppées dans une sorte de bourse qui se brise circulairement par son milieu ; la partie inférieure de la bourse qui reste à la base de la soie se nomme *vaginule ;* la partie supérieure recouvrant le sommet de l'urne s'appelle *coiffe*. L'urne présente intérieurement un axe central appelé *columelle*, et s'ouvre au moyen d'un opercule circulaire ; le contour de l'ouverture de l'urne constitue ce que l'on nomme péristome, qui se divise en interne et en externe : ce péristome peut être muni de dents, de cils, fermé par une membrane ou entièrement nu.

PLANTES MONOCOTYLÉDONÉES.

IIe CLASSE. — MONOCOTYLÉDONÉES HYPOGYNES.

FAMILLE DES CYPÉRACÉES.

Ces plantes, au premier coup d'œil, offrent une grande ressemblance avec les graminées, mais elles en diffèrent par des caractères bien tranchés. Leur tige est un chaume cylindrique ou triangulaire, avec ou sans nœuds. Les feuilles sont engaînantes; la gaîne n'est pas fendue, souvent elle est garnie à son orifice d'un petit rebord membraneux appelé *ligule*. Les fleurs constituent de petits épis. Chaque fleur s'abrite derrière une écaille; dans l'aisselle de la feuille il existe communément trois étamines. Le pistil consiste en un ovaire uniloculaire, à une seule graine, surmonté d'un style simple à sa base et s'épanouissant, en général, en trois stigmates velus. Le filet des étamines est capillaire; l'anthère, bifide à la base, se termine en pointe au sommet. Le fruit est un akène globuleux, comprimé ou triangulaire.

Les souchets font partie de cette famille dont un grand nombre d'espèces habitent au bord des eaux.

Genre *carex*. Fleurs monoïques ou quelquefois dioïques, disposées en épis unisexuels ou androgyns ; la fleur femelle présente un ovaire surmonté d'un style à deux ou trois stigmates. La graine est triangulaire, portée par un court pédicelle.

Genre *souchet* (cyperus). Fleurs hermaphrodites disposées en épis comprimés ; écailles courbées en carène, disposées sur deux rangs opposés ; cariopse dépourvue de poils à sa base.

FAMILLE DES GRAMINÉES.

Prenons le blé pour exemple de cette famille. Nous voyons que ses fleurs, disposées en épi, sont protégées par des écailles. L'écaille extérieure, analogue au calice, et nommée *glume*, se partage en deux valves opposées, et renferme plusieurs fleurs ; l'écaille intérieure ou la balle, analogue à la corolle, se partage en deux valves ; ses étamines sont au nombre de trois, et hypogynes ; l'ovaire est unique, et se termine par un style simple divisé en deux stigmates plumuleux. Le fruit est un cariopse. La tige ou chaume est cylindrique, coupée par des nœuds de la base desquels part une feuille engaînante ; la tige est fibreuse. Toutes les plantes de cette famille, telles que l'avoine, l'orge, le seigle, le maïs, etc., devront présenter les mêmes caractères importants, c'est-à-dire que leurs fleurs seront en épi ou en panicule, leurs étamines seront hypo-gynes, l'ovaire unique sera surmonté d'un style.

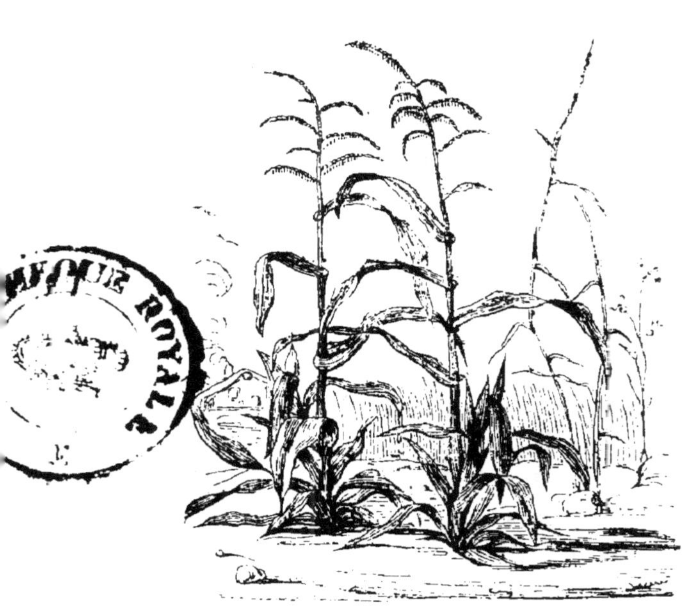

FIGURE 24.

ses écailles protégeront les organes sexuels, la tige présentera l'aspect d'un chaume coupé par des nœuds d'où partiront des feuilles fendues longitu-dinalement à leur base.

Genre *froment* (triticum). Épillets solitaires sur chaque dent de l'axe et opposés à cet axe; glume à deux valves renfermant plusieurs fleurs dont la base est bivalve.

Genre *seigle* (secale). Epillets solitaires sur chaque dent de l'axe et ne renfermant que deux fleurs qui portent une arète au sommet de la valve externe de leur balle.

IIIe CLASSE. — MONOCOTYLÉDONÉES PÉRIGYNES.

FAMILLE DES ASPARAGINÉES.

Les asparaginées sont, dans notre climat, des plantes herbacées, ou sousfrutescentes et vivaces, à racines fibreuses, à feuilles alternes, opposées ou verticillées, quelquefois réduites à de simples écailles. Leurs fleurs, quelquefois unisexuées, sont diversement disposées. Le calice est souvent coloré, il offre six ou huit divisions plus ou moins profondes, étalées ou dressées ; les étamines sont en même nombre que les divisions du calice. L'ovaire est libre, ordinairement à trois loges, renfermant plusieurs graines ; le style est tantôt simple et alors surmonté d'un stigmate triparti ; tantôt il est triparti, et chaque division porte un stigmate. Le fruit, dans ce cas, est une capsule triloculaire ou une baie globuleuse.

L'asperge est le type des asparaginées. On trouve aussi dans cette famille le sceau de Salomon, représenté dans la figure suivante.

FIGURE 25.

Genre *asperge* (asparagus). Périgone libre, profondément divisé en six lanières, baies à trois loges, contenant chacune deux graines.

Genre *muguet* (convallaria). Périgone globuleux ou cylindrique, échancré à son orifice en six lobes peu prononcés ; baie globuleuse à trois loges monospermes.

FAMILLE DES LILIACÉES.

Le lis est le type de cette famille. Sa racine porte un bulbe écailleux ; sa tige est herbacée, à feuilles alternes, le calice est pétaloïde et se compose de six sépales ; la corolle manque. Les étamines, au nombre de six, sont insérées autour de l'ovaire, celui-ci est donc libre. Il offre trois loges renfermant plusieurs graines : le style est terminé

FIGURE 26.

par un stigmate trilobé ; le fruit est une capsule triloculaire à trois valves polyspermes.

C'est à cette famille qu'il faut rapporter les genres tulipe, ail, scille, hyacinthe, etc., qui, tous, offrent un ovaire libre à trois loges, surmonté d'un stigmate, six étamines périgynes, une tige herbacée et une racine généralement bulbeuse.

Genre *tulipe* (tulipa). Périgone campaniforme à six divisions très-profondes, dépourvues de glandes à leur base ; stigmate épais, sessile sur l'ovaire ; capsule oblongue, à trois angles, graines planes.

Genre *hyacinthe* (hyacinthus). Périgone tubuliforme à six divisions peu profondes, étalées vers le sommet ; capsule à trois angles peu saillants.

IVᵉ CLASSE. — MONOCOTYLÉDONÉES ÉPIGYNES.

FAMILLE DES NARCISSÉES.

Les plantes de cette famille ont leur racine bulbifère ou fibreuse, leurs feuilles sont radicales ; leurs fleurs, tantôt solitaires, tantôt en ombelle, sont enveloppées, avant leur épanouissement, dans une spathe membraneuse. Le calice est monosépale, tubuleux, et adhère par sa base avec l'ovaire ; il offre six divisions égales ou inégales ; les étamines, au nombre de six, ont leurs filets tantôt libres, tantôt réunis ; l'ovaire, à trois loges polyspermes, est surmonté d'un style simple et d'un stigmate trilobé. Le fruit est une capsule à trois loges.

C'est à cette famille qu'il faut rapporter la jolie plante printanière connue sous les noms de pâ-ques-fleurie, pommerolle.

FIGURE 27.

Genre *narcisse* (narcissus). Périgone infundibu-liforme, limbe étalé à six divisions profondes ; en-trée du tube ornée d'une couronne ou d'un godet pétaloïde, étamines cachées dans la couronne.

Genre *perce-neige* (galanthus). Périgone à tube très-court, limbe en cloche, à six divisions profondes, les trois internes sont beaucoup plus courtes que les externes et échancrées à leur sommet.

FAMILLE DES IRIDÉES.

Tout le monde connaît les jolies fleurs bleues de l'iris des jardins ; cette plante nous fournira les principaux caractères de la famille qui lui doit son nom.

Sa racine fibreuse part d'un rhizôme ; sa tige extérieure est herbacée et munie de feuilles alternes. ensiformes. Ses fleurs. protégées par une spathe membraneuse, offrent un calice coloré. tubuleux ,

FIGURE 28.

à six divisions inégales et disposées sur deux rangs; les étamines, au nombre de trois, sont insérées sur l'ovaire. Celui-ci se compose de trois loges polyspermes et est couronné par un style simple que termine un stigmate partagé en trois lames pétaloïdes; le fruit est une capsule à trois valves et à trois loges.

Les principaux genres de cette famille sont le safran, l'iris et le glaïeul; toutes les iridées se reconnaissent à leur ovaire adhérent et à leurs étamines constamment au nombre de trois.

Genre *iris*. Périgone à six divisions profondes dont trois extérieures, grandes et étalées, trois intérieures, petites et droites; style court, portant trois lanières pétaloïdes très-grandes.

Genre *glaïeul* (gladiolus). Périgone infundibuliforme dont le limbe est à six divisions inégales et comme partagées en deux lèvres; stigmate à trois lobes étalés.

FAMILLE DES ORCHIDÉES.

Les orchidées sont des plantes vivaces dont la racine, composée de fibres simples et cylindriques, est souvent accompagnée de tubercules charnus, simples ou lobés. Les feuilles sont simples, alternes-engaînantes; les fleurs, d'une forme toute particulière, sont disposées en épi ou en grappes terminales; elles naissent chacune à l'aisselle d'une bractée et sont généralement groupées en spirale autour de l'axe. Le calice, adhérent avec l'ovaire, est partagé en six lanières pétaloïdes. Les trois

lanières supérieures forment une espèce de casque ;
des trois divisions inférieures , deux sont latérales
et semblables entre elles ; la troisième , située
immédiatement au-dessus, offre une figure particulière , on lui donne le nom de tablier ; elle présente quelquefois à sa base un prolongement creux
appelé éperon. Du centre du périgone s'élève une
colonne qu'on regarde généralement comme le
style et qui porte des organes sexuels ; sa face
antérieure et supérieure est surmontée d'une fos-
sette glanduleuse qui constitue le stigmate. Le
pollen, réuni en masse et formé de globules pédicellés ou sessiles , est renfermé dans une anthère à
deux loges qui domine le stigmate et s'ouvre sur

FIGURE 29.

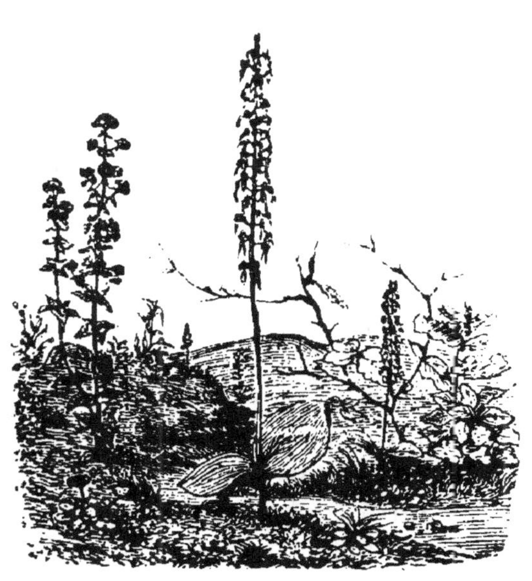

cet organe au moment de la fécondation. Le fruit est une capsule à une seule loge à trois valves, contenant un grand nombre de graines extrêmement fines.

Les orchis sont les principales plantes de cette famille ; on les trouve en grand nombre dans nos bois.

Genre *orchis*. Périgone en forme de gueule, la division supérieure voûtée, l'inférieure prolongée en éperon à la base ; ovaire presque toujours tordu.

Genre *ophrys*. Il diffère du précédent en ce que la division inférieure de la fleur ne se prolonge pas en éperon.

***

PLANTES DICOTYLÉDONÉES.

Ve CLASSE. — APÉTALES ÉPIGYNES.

FAMILLE DES ARISTOLOCHÉES.

Les aristolochées sont des plantes herbacées ou ligneuses, quelquefois parasites, à feuilles simples et alternes. Le calice est simple et adhérent avec l'ovaire ; les étamines, presque toujours sessiles, sont insérées sur le pistil ; elles sont tantôt libres et distinctes, tantôt soudées intimement avec le style et le stigmate, formant ainsi une sorte de mamelon sur l'ovaire. Celui-ci est surmonté d'un style court et d'un stigmate divisé ; le fruit est une capsule ou une baie à trois ou six loges contenant chacune un grand nombre de graines.

Les deux genres de cette famille sont l'asaret et l'aristoloche ; ce dernier se rencontre fréquemment dans les buissons.

Genre *aristoloche* (aristolochia). Périgone tubuleux, ventru à la base, dilaté au sommet et prolongé en languette d'un côté ; six étamines, stigmate à six divisions, capsules à six angles, à six loges.

Genre *asaret* (asarum). Périgone en cloche, à trois lobes, douze étamines placées sur l'ovaire ; stigmate à six lobes rayonnants ; capsule à six lobes.

VIe CLASSE. — APÉTALES PÉRIGYNES.

FAMILLE DES THYMÉLÉES.

La plupart des plantes de cette famille sont des arbrisseaux à feuilles alternes ou opposées, à fleurs terminales ou axillaires. Le calice est généralement pétaloïde, plus ou moins tubuleux, à quatre ou cinq divisions. Les étamines, en général, au nombre de huit, disposées sur deux rangs, ou de quatre ou de deux, sont insérées à la paroi intérieure du calice. L'ovaire est uniloculaire, et contient un seul ovule. Le style est simple et se termine par un stigmate simple. Le fruit est une noix.

Les daphnés font partie de cette famille.

Genre *daphné*. Périgone tubuleux à quatre lobes, étamines au nombre de huit, renfermées dans le tube ; style court ; le fruit est une baie à une loge.

FAMILLE DES POLYGONÉES.

Les caractères de cette famille se trouvent réunis dans le sarrasin. Cette plante a les feuilles alternes, engaînantes ; ses fleurs sont hermaphrodites. Son calice est simple et se partage en cinq divisions ; ses étamines varient de cinq à neuf ; ses styles, au nombre de deux ou trois, comptent autant de stigmates. L'ovaire est lisse, à une seule loge ne contenant qu'une seule graine ; le fruit, souvent triangulaire, est sec et indéhiscent. Principaux genres : le sarrasin, l'oseille, la rhubarbe.

Genre *renouée* (polygonum). Périgone coloré à quatre, cinq ou six parties, persistant autour de la graine ; étamines variant de cinq à neuf, ordinairement huit ; ovaire surmonté de deux ou trois styles et d'autant de stigmates. Le fruit est une cariopse ovoïde ou triangulaire.

Genre *rumex*. Périgone à six parties dont trois intérieures persistent et enveloppent le fruit, et trois extérieures, plus petites, se rejettent sur le pédicelle ; six étamines ; ovaire surmonté de trois styles, chargés de stigmates déchiquetés ; cariopse triangulaire.

VIIe CLASSE. — APÉTALES HYPOGYNES.

FAMILLE DES AMARANTHACÉES.

Les amaranthacées sont caractérisées par leur tige herbacée dans nos climats, et portant des feuilles alternes ou opposées. Les fleurs sont petites, souvent hermaphrodites, quelquefois unisexuées, dis-

FIGURE 30.

posées en épis, en panicules ou en capitules, et munies d'écailles qui les séparent. Le calice est monosépale, souvent persistant, à quatre ou cinq divisions très-profondes. Les étamines varient de trois à cinq. Leurs filets sont tantôt libres et tantôt monadelphes, et formant quelquefois un tube membraneux, lobé à son sommet, et portant les anthères à sa face interne. L'ovaire est libre, uniloculaire, renfermant un seul ovule dressé. Le style est simple ou nul, terminé par deux ou trois stigmates. Le fruit est un akène ou une pixide, que couronne, en général, le calice.

Genre *amaranthe* (amaranthus). Fleurs monoïques à trois ou cinq folioles ; les mâles ont trois ou cinq étamines, les femelles trois styles, trois stigmates ; la capsule monosperme est à trois becs.

VIIIe CLASSE. — MONOPÉTALES HYPOGYNES.

FAMILLE DES PLANTAGINÉES.

C'est au plantain que cette famille doit son nom, elle lui emprunte aussi ses principaux caractères. Les fleurs sont hermaphrodites. Le calice présente

quatre divisions ou quatre sépales. Sa corolle monopétale offre quatre divisions régulières. Les étamines sont au nombre de quatre. L'ovaire libre présente une, deux ou quatre loges renfermant une ou
plusieurs graines. Le style est très grêle et se termine par un stigmate tantôt simple, tantôt bifide
au sommet. Le fruit est une pixide.

Nous ne connaissons que deux genres de cette famille, ce sont le plantain et la littorelle ; tous deux
sont très communs en France.

Genre *plantain* (plantago). Fleurs hermaphrodites disposées en tête ou en épis ; capsule à deux
ou quatre loges.

Genre *littorelle* (litorella). Fleurs monoïques ;
les mâles pédicellés et à quatre divisions, les femelles sessiles et à trois divisions.

FAMILLE DES PRIMULACÉES.

Les primulacées ont les feuilles opposées ou ver-
ticellées, quelquefois radicales. Leurs fleurs sont
tantôt en épis ou en grappes axillaires ou terminales, tantôt elles sont terminales ou en ombelle.
Le calice monosépale est à quatre ou cinq divisions.
La corolle, monopétale régulière, est tantôt tubuleuse à sa base, tantôt divisée très-profondément
en cinq lanières ; les étamines, au nombre de cinq,
sont libres ou monadelphes, insérées au haut du
tube de la corolle ou à la base de ses divisions ;

elles leur sont opposées. L'ovaire est libre, à une seule loge, renfermant un très grand nombre de graines. Le style et le stigmate sont simples. Le fruit est une capsule uniloculaire et polysperme, ou bien une pixide operculée.

La primevère est le type des plantes de cette famille.

Genre *primevère* (primula). Calice persistant, fendu jusqu'au milieu en cinq divisions, corolle en tube resserré sans glandes à l'orifice, cinq étamines courtes, capsule s'ouvrant en cinq ou dix valves.

Genre *mouron* (anagallis). Calice à cinq lobes, corolle en roue à cinq lobes, cinq étamines presque toujours barbues, stigmate simple; capsule globuleuse s'ouvrant comme une boîte à savonnette.

FAMILLE DES LABIÉES.

Étudions chacune des parties de la sauge des prés, nous y trouverons tous les caractères de la famille des labiées à laquelle cette jolie plante appartient. Sa tige est herbacée, quadrangulaire; ses feuilles sont simples et opposées; ses fleurs naissent par paquets à l'aisselle des feuilles. Le calice est monopétale, tubuleux, à cinq dents inégales; la corolle est monopétale, tubuleuse, et se partage en deux lèvres inégales; les étamines, au nombre de quatre sont didynames (il arrive parfois, dans certains genres, que les deux plus courtes avortent). L'ovaire est libre et quadrilobé, il est surmonté d'un style simple et d'un stigmate bifide ; chaque graine est nue et se trouve renfermée dans le calice qui persiste jusqu'à la maturité du fruit.

A ces divers caractères communs à toutes les plantes de la famille des labiées, il faut ajouter l'odeur forte et pénétrante qui leur a fait donner le nom de plantes aromatiques. Les principaux genres de cette famille sont : le romarin, la menthe, la lavande, le thym, la mélisse, le marrube et le lierre terrestre.

Genre *sauge* (salvia). Calice en cloche, à deux lèvres dont la supérieure a trois dents et l'inférieure deux lobes ; corolle à deux lèvres ; filaments des étamines portés en travers sur un pivot.

Genre *bugle* (ajuga) calice à cinq lobes presque égaux ; corolle à deux lèvres, la supérieure très-petite, à deux dents ; l'inférieure très-grande, à trois lobes dont celui du milieu est grand et en forme de cœur renversé.

FAMILLE DES SOLANÉES.

La pomme de terre est le représentant de cette famille. Les feuilles sont simples ou découpées, alternes et quelquefois géminées. Les fleurs forment des épis ou des grappes. Le calice, monosépale et persistant, est à cinq divisions peu profondes ; la corolle monopétale, régulière dans le plus grand nombre des cas, offre cinq lobes plus ou moins profonds et plissés sur eux-mêmes. Les étamines, en même nombre que les lobes de la corolle, ont leurs filets libres. L'ovaire est ordinairement à deux loges polyspermes. Le style est simple, terminé par un stigmate bilobé. Le fruit est une capsule à deux ou quatre loges polyspermes, ou une baie de deux ou trois loges.

Genre *morelle* (solanum). Calice à cinq divisions, corolle en roue à tube court, à limbe ouvert, plissé, divisé en cinq lobes, anthères s'ouvrant au sommet par deux pores; baie succulente, ordinairement arrondie, à deux ou plusieurs loges.

Genre *lyciet* (lycium). Calice court, tubuleux; corolle en entonnoir, à tube court, à limbe divisé en cinq lobes, filaments des étamines velus à leur base; stigmate sillonné ou à deux lobes, baie allongée, à deux loges.

FAMILLE DES CONVOLVULACÉES.

En France, les plantes de cette famille sont toutes herbacées volubiles et grimpantes; elles ont leurs feuilles alternes, simples, ou plus ou moins profondément lobées. Leurs fleurs sont axillaires ou terminales; le calice monosépale, persistant, est à cinq divisions; la corolle, monopétale, régulière, offre cinq lobes plissés; les cinq étamines sont insérées au tube de la corolle. L'ovaire est simple et libre, et se partage en deux ou quatre loges. Le style est simple ou double ; le fruit est une capsule à une ou quatre loges contenant plusieurs graines.

Les liserons forment le type de cette famille ; la planche suivante représente notre espèce commune dans les champs.

FIGURE 34.

Genre *liseron* (convolvulus). Calice à cinq parties ; corolle en cloche plissée sur les cinq angles ;

étamines inégales en longueur ; ovaire à moitié enfermé dans une glande circulaire ; stigmate à deux lobes, capsule à deux, trois ou quatre lobes.

IXe CLASSE. — MONOPÉTALES PÉRIGYNES.

FAMILLE DES GESNÉRIACÉES.

La plupart des plantes de cette famille sont herbacées. Leurs feuilles sont opposées ou alternes, leurs fleurs sont axillaires ou terminales. Le calice est monosépale, persistant, à cinq divisions, adhérant par sa base avec l'ovaire. La corolle est monopétale, irrégulière, à cinq lobes inégaux ; les étamines, au nombre de deux ou quatre, sont insérées à la corolle. L'ovaire est infère ou libre. Le style est simple, et se termine par un stigmate simple. Le fruit est une capsule uniloculaire.

FAMILLE DES CAMPANULACÉES.

Les plantes de cette famille ont pour caractères distinctifs : des feuilles ordinairement alternes et portées sur une tige herbacée ; un calice monopétale, quelquefois partagé en plusieurs divisions profondes ; une corolle monopétale ordinairement régulière et en cloche, quelquefois partagée en plusieurs lobes ; les étamines tantôt libres, tantôt adhérentes ; l'ovaire adhérent, à cinq loges renfermant une grande quantité de graines. Le style est simple et se termine par un stigmate lobé. Le fruit est une capsule couronnée par les divisions du calice et à trois ou cinq loges. Principaux genres : les campanules, les lobélies.

FIGURE 32.

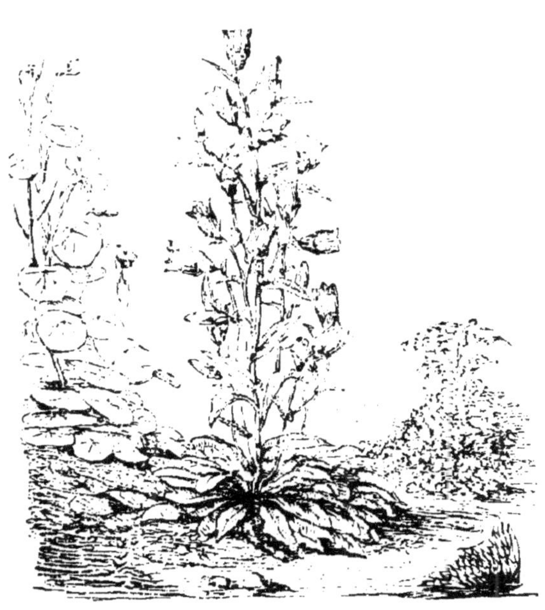

Genre *campanule* (campanula): calice à cinq divisions ; corolle en cloche ; filaments des étamines élargis à leur base ; stigmate à trois parties ; capsule ovoïde, à trois et rarement à cinq loges.

Genre *prismatocarpe* (prismatocarpus). Il diffère du précédent, en ce qu'il a la corolle en roue, l'ovaire et la capsule grêles, allongés, prismatiques, à deux ou trois loges, s'ouvrant par le sommet.

Xᵉ CLASSE. — MONOPÉTALES ÉPIGYNES.

FAMILLE DES SYNANTHÉRÉES.

Nous empruntons au professeur Richard les caractères de cette famille, l'une des mieux définies de tout le règne végétal. Elle comprend des plantes herbacées, des arbustes et même des arbrisseaux plus ou moins élevés. Leurs feuilles sont ordinairement alternes, rarement opposées. Leurs fleurs, généralement petites, forment des capitules hémisphériques, globuleux ou plus ou moins allongés. Chaque capitule se compose : 1° d'un réceptacle commun, épais et quelquefois charnu, convexe ou concave, et qui a reçu le nom de *phorante* ou *clinanthe*. 2° d'un involucre commun qui environne le capitule et se compose d'écailles dont la forme, le nombre et la disposition, varient suivant les genres; 5° de petites écailles, ou de poils plus ou moins nombreux placés sur le réceptacle et qu'on trouve fréquemment à la base de chaque fleur. Les fleurs qui forment les capitules sont de deux sortes : les unes offrent une corolle monopétale régulière infundibuliforme, et, en général, à cinq lobes réguliers : on les nomme des fleurons; les autres ont une corolle irrégulière déjetée latéralement en forme de

FIGURE 33.

languette; on les appelle des demi-fleurons. Tantôt les capitules se composent uniquement de fleurons, comme dans les flosculeuses, tantôt uniquement de demi-fleurons, comme dans les semi-flosculeuses ; tantôt enfin, leur centre est occupé par des fleurons et leur circonférence par des demi-fleurons, comme dans les radiées. Chaque fleur offre l'organisation suivante: le calice, adhérent avec l'ovaire, à son limbe entier, membraneux, denté, formé d'écailles ou de poils ; la corolle monopétale, régulière ou irrégulière ; cinq étamines à filets distincts, mais dont les anthères sont réunies et forment un tube qui est traversé par un style simple que termine un stigmate bifide. Le fruit est un akène nu à son sommet ou couronné par un rebord membraneux, plumeux, sessile ou stipité. A cette famille appartiennent le chardon, la centaurée, la laitue, les chrysanthèmes, le topinambour, la matricaire, la chicorée.

Genre *laitue* (lactuca). Involucre oblong, imbriqué, composé de folioles membraneuses sur les bords ; réceptacle glabre, ponctué ; aigrette pédicellée, capillaire, molle et fugace.

Genre *pissenlit* (taraxacum). Involucre à deux rangées de folioles dont l'extérieure est très courte et souvent étalée ; l'une et l'autre se déjettent en dehors à la maturité ; réceptacle ponctué ; graines munies d'une aigrette pédicellée, à poils simples.

XIe CLASSE. — MONOPÉTALES ÉPIGYNES, CORYSANTHÉRÉES.

FAMILLE DES DIPSACÉES.

Leur tige est herbacée, leurs feuilles sont opposées ; les fleurs sont réunies en capitules hémisphériques ou globuleux, accompagnés à leur base d'un involucre de plusieurs folioles ; le calice est double, l'extérieur est monosépale, libre, entier

FIGURE 34.

ou partagé en plusieurs divisions. L'intérieur, adhérent à l'ovaire, offre un limbe entier ou divisé. La corolle est monopétale, tubuleuse, à quatre ou cinq divisions inégales ; les étamines, en même nombre que ces divisions, alternent avec elles. L'ovaire est infère, à une seule loge, contenant un seul ovule ; le style et le stigmate sont simples. Le fruit est un akène.

C'est à cette famille qu'il faut rapporter le chardon à foulon et les scabieuses.

Genre *cardère* (dipsacus). Fleurs réunies en tête, entourées d'un involucre à plusieurs feuilles placées sur un réceptacle hérissé de paillettes longues et épineuses ; corolle tubuleuse à quatre lobes, portant quatre étamines saillantes, graines anguleuses, recouvertes par les deux calices.

FAMILLE DES CAPRIFOLIACÉES.

Le chèvrefeuille est le représentant de cette famille. Les feuilles sont opposées, rarement alternes. Les fleurs sont axillaires, solitaires ou souvent géminées, ou disposées en cyme. Le calice est toujours monosépale, adhérent avec l'ovaire par sa partie inférieure ; le limbe est à cinq dents persistantes ; la corolle est monopétale, le plus souvent irrégulière, et quelquefois formée de cinq pétales. Les étamines sont au nombre de cinq, et alternent avec les divisions de la corolle. L'ovaire offre d'une à cinq loges, contenant un ou plusieurs ovules. Le style est simple, terminé par un stigmate très petit; le fruit est quelquefois géminé; il est charnu, à une ou plusieurs loges.

Genre *chèvrefeuille* (lonicera). Calice à cinq dents, corolle tubuleuse, en cloche ou en entonnoir, à cinq divisions un peu inégales; étamines au nombre de cinq; le fruit est une baie à une, deux ou trois loges polyspermes.

XIIe CLASSE. — POLYPÉTALES ÉPIGYNES.

FAMILLE DES OMBELLIFÈRES.

Lorsqu'on examine une carotte sauvage, plante qui appartient à cette famille, on voit que sa tige est herbacée et fistuleuse. Ses feuilles sont alternes et très laciniées. Ses fleurs, très petites, sont disposées en ombelle. Chacune de ces fleurs, considérée isolément, offre un calice adhérent avec l'ovaire, une corolle formée de cinq pétales, cinq étamines, un ovaire à deux loges renfermant chacune une graine, deux styles terminés par un stigmate simple; les graines sont accolées l'une à l'autre dans le calice et se séparent à la maturité.

Les principaux genres de cette famille sont l'a-
nis, le carvi, le céleri, le cerfeuil, le panais, l'an-
gélique et la ciguë.

Genre *berce* (heracleum). Calice presque entier,
pétales échancrés, courbés au sommet; ceux du
bord de l'ombelle grands et bifurqués; fruit ellipti-
que, comprimé, strié, un peu échancré au sommet; graines membraneuses sur les bords.

Genre *carotte* (daucus). Collerettes, en général
pinnatifides, calice entier, pétales courbés en
cœur, plus grands sur les bords de l'ombelle; fruit
ovoïde, hérissé de poils raides; graines planes
striées intérieurement, convexes en dehors et rele-
vées de petites côtes membraneuses.

XIIIᵉ CLASSE. — POLYPÉTALES HYPOGYNES.

FAMILLE DES CRUCIFÈRES.

Rien de plus facile que de reconnaître les plantes
de cette famille, l'une des plus nombreuses en espèces de tout le règne végétal. Leur tige est herbacée et porte des feuilles alternes; leur calice se
compose de quatre sépales; la corolle est formée
de quatre pétales disposés en croix; les étamines
sont tétradynames et sont munies, à leur base, de

deux ou quatre glandes. L'ovaire est à deux loges séparées l'une de l'autre par une fausse cloison et renferment plusieurs graines ; le fruit est une silique ou une silicule.

A cette famille appartiennent les choux, les moutardes, le cresson, la caméline.

Genre *moutarde* (sinapis). Calice lâche et étalé, disque muni de quatre glandes, silique terminée par une languette saillante.

Genre *chou* (brassica). Calice fermé, bosselé à la base ; disque de l'ovaire surmonté de quatre glandes ; stigmate émoussé ; silique allongée, comprimée, cylindrique ou tétragone, graines globuleuses.

FAMILLE DES VIOLARIÉES.

Les plantes de cette famille sont des herbes ou arbustes à feuilles alternes très rarement opposées. Les fleurs sont axillaires ; le calice est formé de cinq pétales libres ou légèrement soudés à leur base, égaux ou inégaux. La corolle se compose de cinq pétales, généralement inégaux, dont l'inférieur se prolonge à sa base en un éperon. Les étamines, au nombre de cinq, sont presque sessiles ; l'ovaire est globuleux, uniloculaire, et renferme un grand nombre de graines ; le fruit est une capsule uniloculaire, s'ouvrant en trois valves.

C'est dans cette famille qu'il faut ranger la

violette ; nous la représentons dans la gravure ci-jointe.

FIGURE 35.

Genre *violette* (viola). Calice à cinq divisions prolongées au dessous de leur base, corolle de cinq pétales inégaux dont le supérieur se prolonge en éperon ; étamines au nombre de cinq, dont les deux supérieurs se prolongent en appendices qui pénètrent dans l'éperon ; style simple ; capsule triangulaire à une loge.

FAMILLE DES CARYOPHYLLÉES.

Plantes herbacées ; tiges souvent noueuses et articulées ; feuilles opposées ou verticillées, simples ; fleurs terminales ou axillaires. Calice formé de quatre ou cinq sépales formant un tube denté à son sommet ; corolle de cinq pétales, ordinairement onguiculés à leur base ; étamines en nombre égal à celui des pétales ou double ; ovaire d'une à cinq loges contenant plusieurs graines. Styles variant de deux à cinq et se terminant chacun par un stigmate subulé. Le fruit est une capsule, rare-

FIGURE 36.

ment une baie, ayant d'une à cinq loges polyspermes.

Principal genre de cette famille : l'œillet.

Genre *œillet* (dianthus). Calice tubuleux, à
cinq dents, entouré à sa base de deux à quatre
écailles opposées, imbriquées ; corolle à cinq pétales dont l'onglet égale la longueur du calice, dix
étamines, deux styles, capsule à une loge.

FAMILLE DES RENONCULACÉES.

Les plantes de cette famille sont herbacées, à

FIGURE 37.

feuilles généralement alternes, embrassantes à leur base, et le plus souvent partagées en plusieurs divisions. La position des fleurs varie beaucoup ; elles sont quelquefois accompagnées d'un involucre formé de trois feuilles. Le calice est polysépale, souvent coloré ; la corolle est polypétale, quelquefois molle ; les pétales ont parfois une petite glande à leur base interne. Les étamines, généralement en grand nombre, sont libres ; les pistils sont monospermes ou polyspermes ; le style, très court, est ordinairement latéral ; le stigmate est simple. Les fruits sont monospermes, indéhiscents : rarement ils sont représentés par une baie polysperme.

Genre *renoncule* (ranunculus). Calice à cinq folioles, corolle à cinq pétales dont la base interne est munie d'une petite écaille convexe ou concave : capsules nombreuses, terminées par une petite pointe, comprimées, lisses, ou munies sur leur surface d'épines ou de tubercules.

Genre *hellébore* (helleborus). Calice grand, à cinq folioles tantôt persistantes et coriaces, tantôt caduques et délicates, souvent colorées ; au moins cinq pétales plus courts que le calice à deux lèvres ou à trois lobes ; capsules au moins au nombre de trois, comprimées, terminées par une pointe.

FAMILLE DES GÉRANIACÉES.

Plantes herbacées ou sousfrutescentes, à feuilles ordinairement simples, alternes. Fleurs axillaires ou terminales. Calice formé de cinq sépales, souvent inégaux et soudés ensemble par leur base, quelquefois prolongé en éperon ; corolle formée de cinq pétales égaux ou inégaux : étamines au nombre de cinq à dix, libres ou monadelphes par la base de leurs filets ; carpelles au nombre de trois à cinq, offrant chacun une loge qui contient un ou plusieurs ovules ; styles distincts ou soudés entre eux, terminés chacun par un stigmate simple. Fruit composé de trois à cinq coques contenant une ou deux graines.

Les principaux genres de cette famille sont la capucine, la balsamine, le lin et le géranium ; ce dernier est représenté dans la planche qui suit.

FIGURE 38.

Genre *geranium*. Calice de cinq folioles égales ; corolle à cinq pétales égaux, style terminé par cinq stigmates, étamines au nombre de dix alternativement plus grandes, une glande à la base de chacune d'elles, cinq capsules à une loge et à une graine.

FAMILLE DES MALVACÉES.

Plantes herbacées, arbustes et arbres à feuilles simples, alternes ou lobées, munies de deux stipules à leur base; fleurs axillaires solitaires et formant des épis. Calicule souvent accompagné extérieurement d'un calice formé de folioles dont le nombre varie. Calice monosépale à trois ou cinq divisions; corolle composée généralement de cinq pétales alternes avec les divisions du calice; étamines généralement très nombreuses. Leurs filets réunis forment un tube. Pistil composé de plusieurs carpelles, tantôt verticillés autour d'un axe central, tantôt réunis en une sorte de capitule; ces carpelles sont uniloculaires et contiennent un ou plusieurs ovules; les styles sont distincts et plus ou moins soudés, ils portent chacun un stigmate simple à leur sommet.

A cette famille appartient, entre autres, la mauve représentée par la figure suivante.

FIGURE 39.

Genre *mauve* (malva). Calice double, l'intérieur
à cinq divisions, l'extérieur à cinq folioles ; capsules au nombre de huit disposées circulairement
et contenant ordinairement une graine.

Genre *guimauve* (althœa). Calice extérieur à six
ou neuf lanières profondes, capsules nombreuses
et monospermes.

FAMILLE DES AMPÉLIDÉES.

Arbustes ou arbrisseaux volubiles, sarmenteux
et munis de vrilles opposées aux feuilles. Celles-
ci sont alternes, pétiolées, simples ou digitées. Les

fleurs sont disposées en grappes. Le calice est très court, souvent entier et presque plane. La corolle offre cinq pétales quelquefois adhérents entre eux par leur partie supérieure ; les étamines, au nombre de cinq, sont dressées, libres et opposées aux pétales ; l'ovaire est à deux loges contenant chacune deux ovules ; le style épais et très court se termine par un stigmate à peine bilobé ; le fruit est une baie globuleuse contenant d'une à quatre graines.

C'est dans cette famille qu'il faut placer la vigne représentée par la gravure ci-jointe.

FIGURE 40.

Genre *vigne* (vitis). Calice à cinq dents, pétales au nombre de cinq, souvent adhérentes par le sommet, s'ouvrant par la base et se détachant comme une coiffe ; stigmate en tête ; ovaire à cinq loges ; baie mûre à une loge, à cinq graines.

XIVᵉ CLASSE. — POLYPÉTALES PÉRIGYNES.

FAMILLE DES ROSACÉES.

Cette famille comprend des végétaux herbacés, des arbustes et même des arbres. Les feuilles sont alternes, simples ou composées, accompagnées de deux stipules à leur base ; la position des fleurs varie. Le calice est monosépale à quatre ou cinq divisions, quelquefois accompagné d'un involucre. La corolle est composée de quatre à cinq sépales régulièrement étalés ; les étamines sont généralement en grand nombre et distinctes ; le pistil est formé de plusieurs carpelles, tantôt entièrement libres et distincts, tantôt adhérents avec le calice et entre eux. Chacun de ce carpelles est uniloculaire et contient un ou plusieurs ovules ; le style est toujours latéral et le stigmate est simple. Le fruit est très varié.

C'est à cette famille qu'il faut rapporter le rosier, l'abricotier, le prunier, le cerisier et le fraisier : la planche suivante représente cette dernière plante.

FIGURE 41.

Genre *rosier* (rosa). Calice en forme de godet ovoïde ou sphérique resserré à l'orifice, divisé en cinq lobes; corolle à cinq pétales, étamines et pistils nombreux.

Genre *fraisier* (fragaria). Calice ouvert, à dix découpures dont cinq alternes plus petites; corolle à cinq pétales; réceptacle des graines, pulpeux, grand, hémisphérique, coloré.

FAMILLE DES LÉGUMINEUSES.

Cette famille renferme des herbes et des arbres très élevés. Leurs feuilles sont généralement composées et présentent souvent deux stipules à leur base. Les fleurs sont ordinairement hermaphrodites. Le calice offre cinq divisions plus ou moins profondes. La corolle se compose de cinq pétales généralement inégaux. Les étamines, au nombre de dix, sont tantôt soudées toutes ensemble par leur base, tantôt la dixième étamine est libre. L'ovaire est simple, à une seule loge polysperme. Le style et le stigmate sont simples. Le fruit est une gousse.

FIGURE 42.

Principaux genres de cette famille : les vesces, les pois, le trèfle, la luzerne, le sainfoin, l'acacia, le baguenaudier, le sophora, le cytise.

Genre *sainfoin* (hedysarum). Calice persistant, à cinq divisions, carène transversalement obtuse ; gousse formée d'articulations orbiculaires, comprimées, lisses ou tuberculeuses et monospermes.

Genre *trèfle* (trifolium). Calice tubuleux, persistant, à cinq dents, carène d'une seule pièce plus courte que les ailes et l'étendard, gousse très petite à une ou deux graines, recouverte par le calice.

XV.ᵉ ET DERNIÈRE CLASSE. — DICLINES IRRÉGULIÈRES.

FAMILLE DES URTICÉES.

Les plantes de cette famille ont, en général, les feuilles alternes ; leurs fleurs sont unisexuées, rarement hermaphrodites ; elles forment des chatons ou sont réunies dans un involucre particulier. Les fleurs mâles sont protégées par un calice composé de quatre à cinq sépales tantôt distincts, tantôt soudés et figurant un tube ; les étamines sont au nombre de quatre ou de cinq. Les fleurs femelles ont leur calice formé de deux à quatre sépales, ou d'une simple écaille. L'ovaire est libre, à une seule loge renfermant une seule graine ; il porte un ou deux stigmates. Le fruit est représenté par un akène enveloppé par le calice.

Les genres les plus remarquables de cette famille sont le mûrier, le chanvre, le houblon, la pariétaire et l'ortie.

Genre *ortie* (urtica). Fleurs monoïques, rarement dioïques ; fleurs mâles en grappe, munies d'un périgone à quatre parties, quatre étamines ; fleurs femelles en grappes ou en tête sphériques, composées d'un périgone à deux valves, d'un ovaire surmonté d'un stigmate velu. Le fruit est une graine entourée par le périgone.

FIN.

TABLE

DES

MATIÈRES CONTENUES DANS CE VOLUME.

Préface.	Page 5
Définition de la botanique.	7
Différences entre les animaux et les végétaux.	*id.*
Tissus des végétaux.	9
Tissu cellulaire.	*id.*
Tissu vasculaire.	*id.*
Parenchyme.	10
Organes fondamentaux ou de nutrition.	*id.*
Organes de la reproduction.	*id.*
Germination des plantes.	12
Principales conditions pour la germination.	13
De la racine.	15
Parties essentielles de la racine.	17
Durée des racines.	*id.*
Force végétative des racines.	18
Utilité des racines.	*id.*
De la tige.	19
Différentes espèces de tiges.	*id.*
Structure des tiges dicotylédonées	20

La moelle. — 21

Le bois proprement dit. — 22

L'aubier. — id.

Les couches corticales. — 23

L'enveloppe herbacée. — id.

L'épiderme — 24

Structure des tiges monocotylédonées. — id.

Grosseur et durée des arbres. — 26

Appendices de la tige. — 27

BOURGEONS. — id.

Différentes sortes de bourgeons. — 28

Des feuilles. — 29

Préfoliation. — id.

Pétioles et nervures. — id.

Parties superficielles de la feuille — 30

Feuille simple. — 31

Feuille composée. — 32

Feuilles opposées. — id.

Feuilles alternes. — id.

Feuilles entières. — 33

Fonctions des feuilles. — 34

Expériences sur l'absorption et la transpiration des feuilles. — 35

Décomposition de l'air par les feuilles. — 37

Action de la lumière sur les feuilles. — 38

Mouvements particuliers des feuilles. — 39

Durée et chute des feuilles. — 41

DE LA MULTIPLICATION DES PLANTES AU MOYEN DES ORGANES FONDAMENTAUX. — 42

De la marcotte. — id.

De la bouture. — id.

De la greffe. — 43

Greffe en fente. 43
Greffe en écusson. 44
Greffe en approche. *id.*
ORGANES DE LA REPRODUCTION. 45
Des fleurs. *id.*
Fleur complète. *id.*
Fleur incomplète. *id.*
Fleur hermaphrodite. 46
Fleur mâle. *id.*
Fleur femelle. *id.*
Fleur monoïque. *id.*
Fleur dioïque. *id.*
Fleur polygame. *id.*
De l'inflorescence. 47
Fleurs terminales. *id.*
Fleurs latérales. *id.*
Fleurs sessiles. *id.*
Fleurs pédonculées. *id.*
Fleurs en épi. *id.*
Fleurs en chaton. 48
Fleurs en panicule. *id.*
Fleurs en grappe. *id.*
Fleurs en ombelle. *id.*
Ombelle simple. *id.*
Ombelle composée. 49
Ombellule. *id.*
Involucre. *id.*
Involucelle. *id.*
Épanouissement des fleurs. *id.*
De la fleur en général. *id.*
DU CALICE. 50
Calice monosépale. *id.*

Calice polysépale.	Page 50
Durée du calice.	id.
Calice caduc.	id.
Calice tombant.	id.
Calice persistant.	id.
Position du calice.	id.
Calice libre.	id.
Calice adhérent.	id.
DE LA COROLLE.	51
Corolle monopétale.	id.
Corolle polypétale.	id.
Corolle régulière.	52
Corolle irrégulière.	id.
Corolle campanulée.	id.
Corolle infundibuliforme.	id.
Corolle labiée.	53
Corolle personée.	id.
Corolle cruciforme.	id.
Corolle rosacée.	id.
Corolle papilionacée.	id.
Durée des corolles.	54
Épanouissement des corolles.	id.
CALENDRIER DE FLORE.	55
HORLOGE DE FLORE.	56
DE L'ÉTAMINE.	57
L'anthère.	id.
Le pollen.	58
Le filet.	id.
Étamine sessile.	id.
Étamines en nombre déterminé.	id.
Étamines en nombre indéterminé.	id.
Étamines égales.	id

Étamines inégales.   Page 59
Étamines tétradynames.   *id.*
Étamines alternes.   *id.*
Étamines opposées.   *id.*
Étamines exertes.   *id.*
Étamines saillantes.   *id.*
Étamines incluses.   *id.*
Étamines dressées.   60
Étamines infléchies.   *id.*
Étamines réfléchies.   *id.*
Insertion des étamines.   *id.*
Étamines hypogynes.   *id.*
Étamines périgynes.   *id.*
Étamines épigynes.   *id.*
Étamines distinctes.   *id.*
Étamines adhérentes.   *id.*
Étamines monadelphes.   *id.*
Étamines diadelphes.   *id.*
Étamines polyadelphes.   *id.*
DÉGÉNÉRESCENCE DES ÉTAMINES EN PÉTALES.   61
Fleur simple.   *id.*
Fleur double.   *id.*
Fleur pleine.   *id.*
Du pistil.   63
De l'ovaire.   *id.*
Ovaire libre.   64
Ovaire adhérent.   *id.*
FÉCONDATION DES PLANTES.   65
Du fruit.   69
Du péricarpe.   70
Des fruits secs.   71
Fruits secs déhiscents.   *id.*

La gousse. 72
La silique. id.
La capsule. id.
Fruits secs indéhiscents. id.
Le cariopse. id.
La noix. id.
La samare. id.
Des fruits charnus. id.
La pomme. 73
La baie. id.
De la graine. id.
De l'épisperme. id.
De l'amande. id.
Dissémination des graines. id.
Classification des végétaux. 76
Des systèmes. id.
Des méthodes. id.
Système de Tournefort. 77
Système de Linnée. 79
De la méthode naturelle. 84
Familles et genres. 92

FIN DE LA TABLE.

9 782329 303246